职业教育电气类专业教材

电气CAD实用教程

曹惠茹 叶烁 唐林 主 编
史万庆 高珍 徐也 副主编

DIANQI CAD
SHIYONG JIAOCHENG

化学工业出版社
·北京·

内容简介

本书通过典型实例，结合 AutoCAD 初学者遇到的实际情况，由浅入深地引导学生学习 AutoCAD 软件中常用的绘图编辑命令和绘图技巧。本书具有很强的针对性和实用性，且结构严谨、叙述清晰、内容丰富、通俗易懂。全书共 15 章，包括电气工程图基础、AutoCAD 入门、基本绘图指令、基本编辑指令、使用正交与栅格绘制图形、图案填充、线型设置、图层、尺寸标注、编辑文字、表格、块、典型电子通信线路图和机械电气控制图绘制、多线绘图入门与建筑电气图绘制、三维实体等方面的内容。为方便学习，配套视频二维码。

本书可作为高职高专院校、中等职业学校相关专业及 CAD 培训机构的教材，也可以作为从事 CAD 工作的工程技术人员的自学参考书。

图书在版编目（CIP）数据

电气 CAD 实用教程/曹惠茹，叶烁，唐林主编. —北京：化学工业出版社，2022.8
ISBN 978-7-122-41933-0

Ⅰ.①电⋯ Ⅱ.①曹⋯ ②叶⋯ ③唐⋯ Ⅲ.①电气设备-计算机辅助设计-AutoCAD 软件-教材 Ⅳ.①TM02-39

中国版本图书馆 CIP 数据核字（2022）第 139385 号

责任编辑：韩庆利
责任校对：边　涛　　　　　　　　　　　装帧设计：史利平

出版发行：化学工业出版社（北京市东城区青年湖南街 13 号　邮政编码 100011）
印　　刷：三河市航远印刷有限公司
装　　订：三河市宇新装订厂
787mm×1092mm　1/16　印张 12¾　字数 308 千字　2022 年 8 月北京第 1 版第 1 次印刷

购书咨询：010-64518888　　　　　　　　售后服务：010-64518899
网　　址：http://www.cip.com.cn

凡购买本书，如有缺损质量问题，本社销售中心负责调换。

定　价：39.00 元　　　　　　　　　　　　　　　　　　　版权所有　违者必究

前言

AutoCAD 是 Autodesk 公司推出的一种通用的计算机辅助绘图和设计软件包。本书将电气制图标准与 AutoCAD 有机结合，根据教学课程标准和国家职业技能鉴定中、高级制图员考试及 AutoCAD 软件应用能力认证一级考试的大纲要求，结合编者多年的教学和企业实践经验编写而成。

本书讲述了电气工程图基础、AutoCAD 入门、基本绘图指令、基本编辑指令、使用正交与栅格绘制图形、图案填充、线型设置、图层、尺寸标注、编辑文字、表格、块、典型电子通信线路图和机械电气控制图绘制、多线绘图入门与建筑电气图绘制、三维实体等方面的内容。书中采用了大量实例讲解，选取和设计贴近工作岗位和生产一线的实战项目，做到理论学习有载体、技能训练有实体，有利于激发学生的学习兴趣，让学生在掌握知识和技能的同时，获得学习的成就感，实现学校所教、学生所学与企业所用无缝对接。

为了方便读者理解书中内容，掌握绘制技巧，书中配套了视频讲解，可扫描书中二维码观看。

本书图文并茂，适合职业院校电气类专业学生使用，同时也可作为国家职业技能鉴定中、高级电气制图员考试用书，电气 CAD 软件应用能力认证一级考试及高技能人才培训教材，以及电气类工人岗位培训或初学者的自学用书。

本书由广州工程技术职业学院曹惠茹、广州化立学院叶烁、鲁北技师学院唐林主编，商丘学院史万庆、高珍与黑龙江农业工程职业学院徐也任副主编，广东省华立技师学院詹建新、黑龙江农业职业技术学院王萍参编。

由于编者水平有限，书中若有不妥之处，希望广大读者和同行批评指正。

编　者

目录

第 1 章　电气工程图基础　001

1.1　电气工程图的概念 …………………………………………………………… 001
1.2　电气工程图的分类及特点 …………………………………………………… 001
1.3　电气工程图的类型 …………………………………………………………… 002
1.4　电气工程图的组成 …………………………………………………………… 003
1.5　电气工程图的特点 …………………………………………………………… 003
1.6　电气符号的分类与常用的电气符号 ………………………………………… 004
1.7　电气工程图制图规范 ………………………………………………………… 006
1.8　输入特殊符号 ………………………………………………………………… 010

第 2 章　AutoCAD 2020 入门　011

2.1　自建 AutoCAD 经典界面 …………………………………………………… 011
2.2　AutoCAD 经典界面介绍 …………………………………………………… 014
2.3　AutoCAD 的基本操作 ……………………………………………………… 016
2.4　图形文件管理 ………………………………………………………………… 017
2.5　AutoCAD 快捷键 …………………………………………………………… 018

第 3 章　基本绘图指令　020

3.1　坐标的表示方式 ……………………………………………………………… 020
3.2　建立用户坐标系 UCS ………………………………………………………… 021
3.3　绘制线 ………………………………………………………………………… 022
3.4　删除 …………………………………………………………………………… 023
3.5　撤销 …………………………………………………………………………… 023
3.6　恢复 …………………………………………………………………………… 023
3.7　绘制射线 ……………………………………………………………………… 023
3.8　绘制构造线 …………………………………………………………………… 024
3.9　绘制点 ………………………………………………………………………… 024
3.10　绘制矩形 …………………………………………………………………… 025
3.11　绘制正多边形 ……………………………………………………………… 026
3.12　分解 ………………………………………………………………………… 027
3.13　绘制圆 ……………………………………………………………………… 027
3.14　绘制圆弧 …………………………………………………………………… 028
3.15　绘制椭圆 …………………………………………………………………… 032
3.16　绘制椭圆弧 ………………………………………………………………… 033
3.17　绘制圆环 …………………………………………………………………… 033

3.18	多段线	034
3.19	重新生成	036
3.20	平移	037
3.21	实时缩放视图	039
项目实战		040
巩固练习		042

第 4 章　基本编辑指令　　043

4.1	删除	043
4.2	复制	043
4.3	移动	044
4.4	镜像	044
4.5	偏移	045
4.6	阵列	046
4.7	旋转	049
4.8	对齐	050
4.9	修剪	051
4.10	延伸	053
4.11	缩放	053
4.12	拉伸	054
4.13	拉长	055
4.14	倒角	056
4.15	倒圆角	057
4.16	打断	058
4.17	合并	059
项目实战		059
巩固练习		063

第 5 章　使用正交与栅格绘制图形　　064

5.1	设置正交模式	064
5.2	设置栅格捕捉	065
5.3	对象捕捉功能	067
5.4	使用自动追踪	069
5.5	设置动态输入	071
项目实战		072
巩固练习		073

第 6 章　图案填充　　074

6.1	图案填充操作	074
6.2	填充界面介绍	077
6.3	编辑图案填充	079
6.4	分解图案	080

项目实战 ……………………………………………………………………………… 080
　　巩固练习 ……………………………………………………………………………… 081

第 7 章　线型设置　　　　　　　　　　　　　　　　　　　　　　　　　082

　　7.1　加载线型 ………………………………………………………………………… 082
　　7.2　设置线型 ………………………………………………………………………… 083
　　7.3　设置线型比例 …………………………………………………………………… 084
　　7.4　设置线宽 ………………………………………………………………………… 085
　　7.5　特性匹配 ………………………………………………………………………… 085
　　7.6　编辑对象特性 …………………………………………………………………… 086
　　项目实战 ……………………………………………………………………………… 087

第 8 章　图层　　　　　　　　　　　　　　　　　　　　　　　　　　　089

　　8.1　图层的基本概念 ………………………………………………………………… 089
　　8.2　创建新图层 ……………………………………………………………………… 089
　　8.3　管理图层 ………………………………………………………………………… 093
　　项目实战 ……………………………………………………………………………… 099

第 9 章　尺寸标注　　　　　　　　　　　　　　　　　　　　　　　　　100

　　9.1　创建标注的基本步骤 …………………………………………………………… 100
　　9.2　标注基础与样式设置 …………………………………………………………… 100
　　9.3　标注样式 ………………………………………………………………………… 100
　　9.4　标注尺寸 ………………………………………………………………………… 105
　　9.5　编辑标注对象 …………………………………………………………………… 106
　　项目实战 ……………………………………………………………………………… 109

第 10 章　编辑文字　　　　　　　　　　　　　　　　　　　　　　　　110

　　10.1　创建文字样式 …………………………………………………………………… 110
　　10.2　设置字体 ………………………………………………………………………… 112
　　10.3　设置文字效果 …………………………………………………………………… 112
　　10.4　创建单行文字 …………………………………………………………………… 113
　　10.5　创建多行文字 …………………………………………………………………… 115
　　10.6　特殊字符的输入方法 …………………………………………………………… 117
　　项目实战 ……………………………………………………………………………… 117

第 11 章　表格　　　　　　　　　　　　　　　　　　　　　　　　　　119

　　11.1　新建表格样式 …………………………………………………………………… 119
　　11.2　创建表格 ………………………………………………………………………… 121
　　11.3　编辑表格单元 …………………………………………………………………… 122
　　11.4　插入 Excel 表格 ………………………………………………………………… 126
　　项目实战 ……………………………………………………………………………… 127
　　巩固练习 ……………………………………………………………………………… 127

第12章 使用块、属性块 128

12.1 块 128
12.2 图块属性 130
项目实战 132

第13章 典型电气图绘制 134

13.1 电子通信线路图绘制 134
13.2 机械电气控制图绘制 140
项目实战 144

第14章 多线绘图入门与建筑电气图绘制 147

14.1 多线的基本画法 147
14.2 建筑电气图绘制 148
项目实战 160

第15章 三维实体 162

15.1 绘制基本实体 162
15.2 由二维对象生成三维实体 167
15.3 三维实体的布尔运算 168
15.4 编辑三维实体 170
15.5 绘制三维实体 174
项目实战 192

参考文献 193

第 1 章

电气工程图基础

> **学习导引**
>
> 本章主要了解电气工程图的一些基本知识,包括电气工程图的概念、分类及组成,以及电气符号的构成和分类等,同时还将了解电气工程图的制图规范。

1.1 电气工程图的概念

电气工程图是一种示意性图纸,它主要用来描述电气设备或系统的工作原理,以及有关组成部分的连接关系,主要用图形符号、简化外形的电气设备、线框等表示电气系统中相关组成部分的关系。

这里主要介绍电气工程图的基本知识,包括电气工程图的种类及特点、电气工程制图规范、电气符号构成与分类。相关内容主要参照了国家标准 GB/T 18135—2008《电气工程 CAD 制图规则》中常用的有关规定。

1.2 电气工程图的分类及特点

电气工程图主要为用户阐述电气工程的工作原理、系统的构成,是安装接线和使用维护的依据。由于电气工程图的使用非常广泛,为了表示清楚电气工程的功能、原理、安装和使用方法,需要使用不同种类的电气图。根据电气工程图表达形式和工程内容不同,一般电气工程主要分为以下几类:

(1) 建筑电气 主要是用于工业和民用建筑领域的电气设备、动力照明、防雷接地等,包括各种照明灯具、动力设备、电器以及各种电气装置的保护接地、工作接地等。

(2) 工业电气 主要是指应用于机械、工业生产及其他控制领域的电气设备,包括机床电气、工厂电气、汽车电气和其他控制电气。

(3) 电力工程 通常分为发电工程、变电工程和输电工程 3 类,其中,发电工程主要分为火电、水电、核电这 3 类。

(4) 电子工程 主要是指用于家用电器、广播通信、计算机等众多领域的弱电信号设备和线路。

1.3　电气工程图的类型

系统图或框图：是绘制较其层次更低的其他各种电气图的主要依据。主要用符号或带注释的框概略地表示系统、分系统、成套装置或设备等的基本组成、相互关系及其主要特征。

功能图：多见于电气领域的功能系统说明书等技术文件中，比较有利于电气专业与非电气专业人员的技术交流。功能图是用规定的图形符号和文字叙述相结合的方法，表示控制系统的作用和状态的一种简图。

逻辑图：主要用二进制逻辑单元图形符号绘制，以表达可以实现一定目的的功能件的逻辑功能。这种功能件可以是一种组件，也可以是几种组件的组合。逻辑图作为电气设计中一个主要的设计文件，不仅体现了设计者的设计意图，表达产品的逻辑功能和工作原理，而且也是编制接线图等其他文件的依据。

功能表图：表示控制系统的作用和状态的一种简图。这种图往往采用图形符号和文字说明相结合的绘制方法，用以全面描述系统的控制过程、功能和特性，不考虑具体的执行过程。

电路图：又称为电气原理图或原理接线图。它是用图形符号并按工作顺序排列，详细表示电路、设备或成套装置的全部基本组成和连接关系，而不考虑实际位置的一种简图。

等效电路图：表示理论或理想的元件及其连接关系的一种功能图，供分析和计算电路特性和状态用。

端子功能图：主要用于电路图中，是表示功能单元全部外接端子，并用功能图、功能表图或文字表示其内容功能的一种简图。当电路较复杂时，其中的功能元件可用端子功能图来替代，并在其内加注标记或说明，以便查找该功能单元的电路图。

程序图：用于详细表示程序单元和程序片及其互连关系，该图主要用于对程序运行的理解。

设备元件表：是把成套装置、设备和装置中各组成部分与相应数据列成的表格，其用途是表示各组成部分的名称、型号、规格和数量等。

接线图或接线表：是表示成套装置、设备或装置连接关系，用于进行接线和检查的一种简图或表格。接线图或接线表也可以再进行具体分类：单元接线图或单元接线表；互连接线图或互连接线表；端子接线图或端子接线表；电缆配置图或电缆配置表。

数据单：是对特定项目给出详细信息的资料。

位置简图或位置图：从本质上讲位置图属于机械制图范围的一个图种。它是表示成套装置、设备或装置中各个项目的位置的一种图，用于项目的安装就位。

单元接线图或单元接线表：表示成套装置或设备中一个结构单元内的连接关系的一种接线图或接线表。结构单元一般是指在各种情况下可独立运用的组件或由零件、部件和组件构成的组合体。

互连接线图或互连接线表：表示成套装置或设备的不同结构单元之间连接关系的一种接线图或接线表。

电缆配置图或电缆配置表：提供电缆两端位置，必要时还包括电缆功能、特性和路径等信息的一种接线图或接线表。

1.4 电气工程图的组成

电气工程图是由目录和前言、电气系统图和框图、电路图、安装接线图、电气平面图、设备布置图等几部分组成，而不同的组成部分可能用不同类型的电气图纸来表现。

电气工程图中的目录是对某个电气工程的所有图纸编出目录，便于检索图样、查阅图纸，内容主要有序号、图名、图纸编号、张数、备注等。前言中包括设计说明、图例、设备材料明细表（如表1-1所示）、工程经费概算等。

表 1-1 PLC 电气明细表

序号	名称	型号/规格	品牌	单位	数量	单价	总价
1	PLC	AFPX-C60T					
2	触摸屏	TK6070IH（配通信线）					
3	伺服驱动器	ASD-B2-0421-B					
4	伺服电机	ECMA-C2-0604RS					

1.5 电气工程图的特点

电气工程图与其他工程图有着本质区别，主要用来表示电气与系统或装置的关系，具有独特的一面，主要有以下特点：

（1）电气工程图主要采用简图表现。电气工程图中没有必要画出电气元器件的外形结构，采用标准的图形符号和带注释的框，或者简化外形表示系统或设备中各组成部分之间相互关系。侧重表达不同电气工程信息会用不同形式的简图，电气工程中绝大部分采用简图的形式。

（2）电气工程图描述的主要内容是元件和连接线。电气设备主要由电气元件和连接线组成。因此，无论电路图、系统图，还是接线图和平面图都是以电气元件和连接线作为描述的主要内容。电气元件和连接线有多种不同的描述方式，从而构成了电气工程图的多样性。

（3）体现电气工程图的基本要素是图形、文字和项目符号。一个电气系统或装置通常由许多部件、组件构成，这些部件、组件或者功能模块称为项目。项目一般由简单的图形符号表示。通常每个图形符号都有相应的文字符号。设备编号和文字符号一起构成项目代号，设备编号是为了区别相同的设备。

（4）电气工程图主要采用功能布局法和位置布局法。功能布局法是指在绘图时，图中各元件的位置只考虑元件之间的功能关系，而不考虑元件的实际位置的一种布局方法。电气工程图中的系统图、电路图采用的是这种方法。位置布局法是指电气工程图中的元件位置对应于元件的实际位置的一种布局方法。电气工程中的接线图、设备布置图采用的就是这种方法。

（5）电气工程图的表现形式具有多样性。可用不同的描述方法，如能量流、逻辑流、信息流、功能流等，形成了不同的电气工程图。系统图、电路图、框图、接线图是描述能量流和信息流的电气工程图；逻辑图是描述逻辑流的电气工程图；辅助说明的功能表图、程序框图描述的是功能流。

1.6 电气符号的分类与常用的电气符号

电气设备元件、线路、安装方法等必须通过图形符号、文字符号或代号绘制在电气工程图中，要分析这些电气工程图，首先需要了解这些符号的组成形式、内容、含义及它们间的相互关系。本小节主要介绍电气工程图中电气符号的构成及其分类。

1.6.1 电气符号分类

参考国家标准 GB/T 4728.1—2018《电气简图用图形符号 第 1 部分：一般要求》，一般电气符号分类如表 1-2 所示。

表 1-2 电气符号分类

序号	分类名称
1	符号要素、限定符号和其他常用符号
2	导体和连接件
3	基本无源元件
4	半导体管和电子管
5	电能的发生与转换
6	开关、控制和保护器件
7	测量仪表、灯和保护器件
8	电信:交换和外围设备
9	电信:传输
10	建筑安装平面布置图
11	二进制逻辑元件
12	模拟元件

1.6.2 常用的电气符号

用户需要对电气工程图中常用的电气符号有所了解，掌握常用电气符号的特征和含义。一般常用的电气符号有导线、电阻、电感、二极管、三极管、交流电动机、单极开关、灯、蜂鸣器、接地等，如表 1-3～表 1-6 所示，在以后的章节里会对符号的画法做详细的说明。

表 1-3 电阻器、电容器、电感器和变压器符号

名称	图形符号	名称	图形符号
电阻器	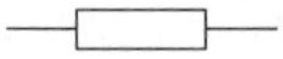 ─▭─	电感器、线圈、绕组或扼流圈	 ⌒⌒⌒
可调电阻器	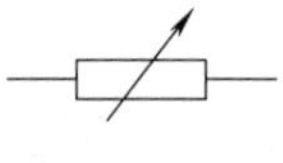 ─▭─（斜箭头）	带磁芯、铁芯的电感器	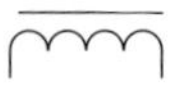 ⌒⌒⌒
带滑动触点的电阻器	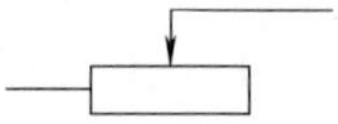 ─▭─（带箭头）	带磁芯连续可变的电感器	 ⌒⌒⌒（带斜箭头）

续表

名称	图形符号	名称	图形符号
电容器		双绕组变压器	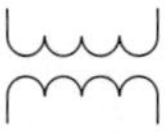
可调电容器		在一个绕组上有中间抽头的变压器	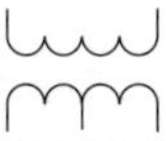

表 1-4 常用半导体管符号

名称	图形符号	名称	图形符号
二极管	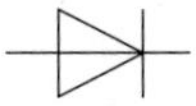	变容二极管	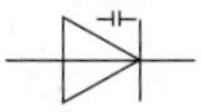
发光二极管	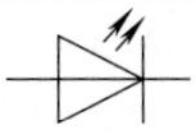	PNP 型晶体三极管	
光电二极管	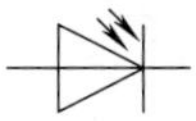	NPN 型晶体三极管	
单向击穿二极管	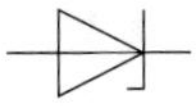	桥式整流二极管	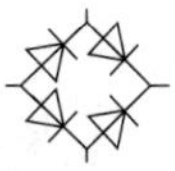

表 1-5 开关符号

名称	图形符号	名称	图形符号
隔离开关	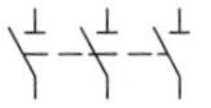	常闭自动复位按钮开关	
断路器	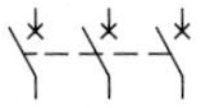	常闭触点	
接触器的主动合触点	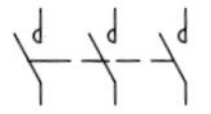	常开触点	
带动合触点的位置开关		延时闭合的动断触点	
自动复位的手动按钮开关		延时闭合的动合触点	

表 1-6 其他常用电气图形符号

名称	图形符号	名称	图形符号
熔断器	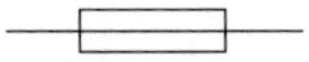	导线连接	
指示灯、信号灯		导线不连接	

续表

名称	图形符号	名称	图形符号
扬声器		动合（常开）触点开关	
蜂鸣器		动断（常闭）触点开关	
接地		手动开关	

1.7 电气工程图制图规范

1.7.1 图纸幅面

图纸的大小通常用图纸幅面的尺寸来表示。图纸幅面就是指图纸的边框线围成的图面。电气工程图通常用 A 类图纸幅面。A 类图纸幅面尺寸规格有 0 号、1 号、2 号、3 号、4 号五种，其具体尺寸如表 1-7 所示。

表 1-7　五种基本幅面　　　　　　　　　　　　　　　单位：mm

幅面代号	A0	A1	A2	A3	A4
$B \times L$	841×1189	594×841	420×594	297×420	210×297
a	25				
c	10			5	
e	20		10		

幅面代号的几何含义就是对 A0 幅面的裁切次数。例如 A1 中的"1"，表示将 A0 幅面沿长边裁切 1 次，A4 中的"4"，表示将 A0 幅面沿长边裁切 4 次，如图 1-1 所示。

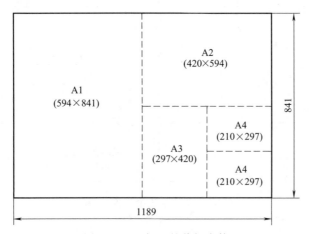

图 1-1　A0 幅面的裁切次数

1.7.2 图框格式

图框格式可以分为两种类型：一种是保留装订边的图框，左边图纸边界线与图框线的距离稍宽,如图 1-2(a)所示,另一种是不保留装订边的图框,四周图纸边界线与图框线的距离相等,如图 1-2(b)所示。需要指出的是,同一种产品的图样只能采用同一种图框格式,周边尺寸 a、c、e 按表 1-7 中的规定选取。

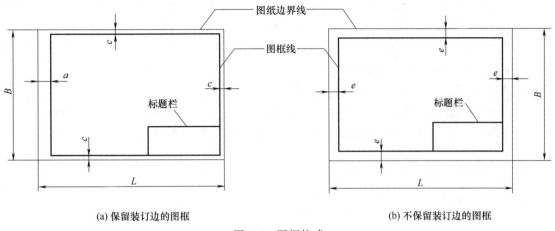

(a) 保留装订边的图框　　　　　　　　(b) 不保留装订边的图框

图 1-2　图框格式

1.7.3　标题栏

电气 CAD 制图一般需遵守 GB/T 6988.1—2008、GB/T 4728.1—2018、GB/T 5094.2—2018 等制图标准,其中 GB/T 6988.1—2008 对标题栏作了规定,有两种不同的标题栏,如图 1-3 所示(也有一些公司根据实际情况,使用该公司内部制定的简易标题栏)。

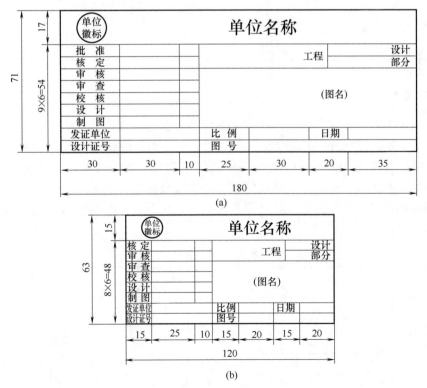

图 1-3　电气 CAD 标题栏的组成及格式

1.7.4 字体

(1) 一般规定。

① 图样中书写的字体必须做到：字体端正、笔画清楚、排列整齐、间隔均匀。

② 汉字的字体选用长仿宋体，并应采用国家正式公布推行的简化字。

③ 字体的号数，即字体的高度（单位：mm），分为 20、14、10、7、5、3.5、2.5 七种，字体的宽度约等于字体高度的三分之二。

④ 数字及字母的笔画宽度约为字体高度的十分之一。

⑤ 字母和数字可写成直体（正体）或斜体，斜体字字头向右倾斜，与水平线成 75°角。

⑥ 用作指数、分数、极限偏差、注脚等的数字及字母，一般采用比正文小一号的字体。

(2) 字体范例。

汉字、数字和字母范例，如表 1-8 所示。

表 1-8 字体范例

字体		范例
长仿宋体汉字	16 号	电气工程图
拉丁字母	大写	ABCDEFGHIJKLMNOPQ
	小写	abcdefghijklmnopq
阿拉伯数字	直体	0123456789
	斜体	*0123456789*

1.7.5 图线

(1) 图线的宽度。根据用途，图线的宽度应该在下列宽度中选择：0.18mm，0.25mm，0.35mm，0.5mm，0.7mm，1mm，1.4mm，2mm。并且图线一般只有两种宽度，分别称为粗线和细线，其宽度之比为 2∶1。在同一图样中，同类图线的宽度应基本保持一致；虚线、点画线及双点画线的画长和间隔长度也应各自大致相等。

(2) 图线的分类。电气图中的各种线条统称为图线。一般分为 6 种常用图线，如表 1-9 所示。

表 1-9 常用图线

图线名称	图线型式	线宽	应用
粗实线	———————	d	一次线路、轮廓线、过渡线
细实线	———————	$d/2$	二次线路、一般线路、边界线、剖面线
虚线	– – – – – – –	$d/2$	屏蔽线、机械连线
粗点画线	— · — · — · —	d	限定范围表示线、特殊的线
细点画线	— · — · — · —	$d/2$	辅助线、轨迹线、控制线
双点画线	— ·· — ·· — ·· —		轮廓线、中断线

1.7.6 比例

电气图中画的图形符号与实际设备的尺寸大小不同，图中画的符号大小与实物大小的比值称为比例。在电气图中有的是按比例绘制的，而位置平面图大部分都按比例绘制，如表1-10所示。电气工程图常用的比例是1∶500、1∶200、1∶100、1∶60、1∶50。大样图的比例可用1∶20、1∶10或1∶5。外线工程图常用小比例，在做概预算统计工程量时就需要用到这个小比例。

表 1-10　常用的绘图比例

种类	优先选择比例	允许选择比例
原值比例	1∶1	—
放大比例	5∶1　　　2∶1 $5\times10^n\colon1$　$2\times10^n\colon1$　$1\times10^n\colon1$	4∶1　　　2.5∶1 $4\times10^n\colon1$　$2.5\times10^n\colon1$
缩小比例	1∶2　　1∶5　　1∶10 $1\colon2\times10^n$　$1\colon5\times10^n$　$1\colon1\times10^n$	1∶1.5　1∶2.5　1∶3　1∶4　1∶6 $1\colon1.5\times10^n$　$1\colon2.5\times10^n$　$1\colon3\times10^n$　$1\colon4\times10^n$　$1\colon6\times10^n$

注：n 为正整数。

不论采用何种比例，图样中所标注的尺寸数值，都必须是实物的实际尺寸，与绘制图形时所采用的比例无关。

1.7.7 箭头

电气图中使用的箭头有开口箭头和实心箭头两种画法，如图1-4所示，其中开口箭头用来表示能量或信号的传播方向，实心箭头用于指向连接线等对象的指引线。

(a) 开口箭头　　　　　(b) 实心箭头

图 1-4　电气图中使用的两种箭头

1.7.8 指引线

指引线用于指示电气图中的注释对象。指引线一般为细实线，指向被注释处，并在其末端加注不同的标记。

若末端在轮廓线内，可以添加一个黑点，如图1-5（a）所示。

若末端在轮廓线上，可以添加一个实心箭头，如图1-5（b）所示。

若末端在连接线上，可以添加一个短斜线，如图1-5（c）所示。

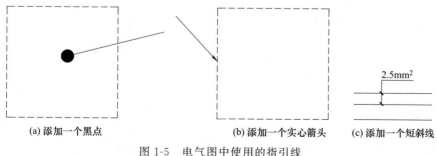

(a) 添加一个黑点　　　　(b) 添加一个实心箭头　　(c) 添加一个短斜线

图 1-5　电气图中使用的指引线

1.7.9 导线连接形式表示方式

导线连接有 T 形连接和"十"字形连接两种形式。T 形连接可不加实心圆点,如图 1-6 (a) 所示,也可加实心圆点,如图 1-6 (b) 所示。"十"字形连接有两种形式:当表示两导线交叉而不连接时,在交叉处不加实心圆点,如图 1-6 (c) 所示;当表示两导线在相交点连接时,在交叉处必须加实心圆点,如图 1-6 (d) 所示。

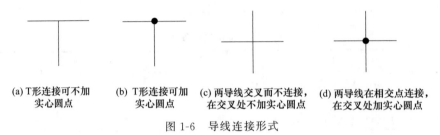

图 1-6 导线连接形式

1.8 输入特殊符号

在用 AutoCAD 绘图时,有时需要输入一些特殊的符号,可以在 Word 中复制进来,也可以直接输入这些特殊符号的代码,如表 1-11 所示。

表 1-11 特殊符号的代码

符号	代码	符号	代码
正/负符号(±)	%%p	几乎相等(≈)	\U+2248
直径符号(φ)	%%c	不相等(≠)	\U+2260
度数符号(°)	%%d	上标 2	\U+00B2
角度符号(∠)	\U+2220	下标 2	\U+2082

第 2 章

AutoCAD 2020入门

> **学习导引**
>
> 本章学习 AutoCAD 2020 经典界面的创建方法，了解设置图形的系统参数、样板图，熟悉创建新的图形文件、打开已有文件的方法等。掌握 AutoCAD 绘图的基本知识，掌握样板图设置的操作过程。

2.1 自建 AutoCAD 经典界面

AutoCAD 在安装完成后，第一次启动时所呈现的界面为默认界面，比较暗淡，菜单栏和工具条都没有列在桌面上，为了方便绘图，将常用的菜单栏和工具调出来，排列在界面上，建立经典界面的步骤如下。

（1）启动 AutoCAD 2020，在快速访问工具栏中单击下拉菜单按钮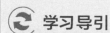，在下拉菜单中选择"显示菜单栏"命令，如图 2-1 所示。

（2）选择"文件"菜单，选择"新建"命令，在【选择样板】对话框中单击"打开(O)"旁边的▼符号，选择"无样板打开-公制（M）"命令，如图 2-2 所示。

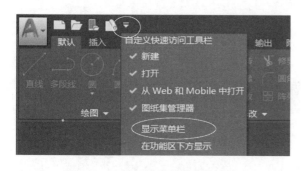

图 2-1 选择"显示菜单栏"命令

图 2-2 选择"无样板打开-公制（M）"命令

（3）进入 AutoCAD 2020 初始界面，如图 2-3 所示。
（4）选择"工具"菜单，选择"选项板"→"功能区"命令，取消快捷菜单。

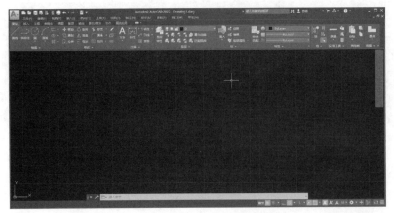

图 2-3　AutoCAD 2020 初始界面

（5）选择"工具"菜单，选择"工具栏"→"AutoCAD"命令，在快捷菜单中选中"修改""图层""工作空间""标准""样式""特性""绘图""绘图次序"等命令，如图 2-4 所示。

（6）拖动"标准""样式""图层""特性"工具栏至合适的位置，如图 2-5 所示。

（7）拖动"命令"工具栏，放在绘图区的左下角。

（8）在菜单栏中选择"工具（T）"→"选项（N）"命令，在【选项】对话框中的"颜色主题"栏中选择"明"，接着单击"颜色"按钮，如图 2-6 所示。

（9）如图 2-6 所示，调整"十字光标大小"滑板的位置，可以调整光标的大小。

（10）在【图形窗口颜色】对话框中，在"颜色"栏中选择"白"，如图 2-7 所示。

（11）单击两次"确定"按钮，AutoCAD 的界面呈白色。

（12）在"状态"栏中单击"栅格"按钮，如图 2-8 所示，隐藏界面的栅格。

图 2-4　选中"修改""图层""工作空间""标准""样式""特性""绘图""绘图次序"

图 2-5　拖动"标准""样式""图层""特性"工具栏

（13）在界面的左上角，单击［-］［俯视］［二维线框］前面的"-"符号，取消"ViewCube""导航栏"前面的"√"，如图 2-9 所示。

（14）在"状态"栏中单击齿轮旁边的三角形按钮，在快捷菜单中选择"将当前工作空间另存为…"命令，如图 2-10 所示。

图 2-6 在"颜色主题"栏中选择"明",接着单击"颜色"按钮

图 2-7 在"颜色"栏中选择"白"

图 2-8 在"状态"栏中单击"栅格"按钮

图 2-9 取消"ViewCube""导航栏"前面的"√"

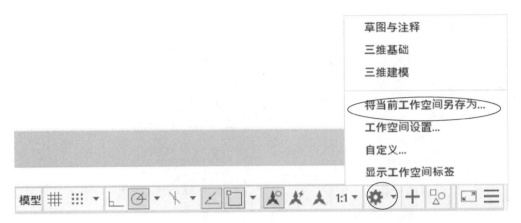

图 2-10 选择"将当前工作空间另存为…"命令

图 2-11 输入"AutoCAD 经典界面"

（15）在【保存工作空间】对话框中输入"AutoCAD 经典界面"，如图 2-11 所示。

（16）单击"保存"按钮，当前的界面作为模板保存。

（17）再次在"状态"栏中单击齿轮旁边的三角形按钮，在快捷菜单中可以查看到所保存的模板。

2.2 AutoCAD 经典界面介绍

AutoCAD 经典界面主要由标题栏、菜单栏、工具栏、绘图工具条、绘图窗口、文本窗口、命令栏、状态行等元素组成，如图 2-12 所示。

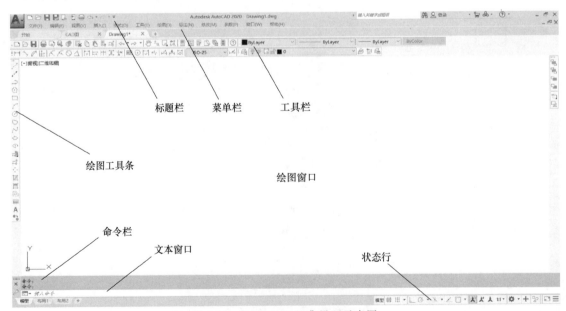

图 2-12 AutoCAD 经典界面示意图

2.2.1 标题栏

标题栏位于应用程序窗口的最上面,用于显示当前正在运行的程序名及文件名等信息,如果是 AutoCAD 默认的图形文件,其名称为 DrawingN.dwg(N 表示序号)。单击标题栏右端的按钮,可以最小化、最大化或关闭应用程序窗口。标题栏最左边是应用程序的小图标,单击它将会弹出一个 AutoCAD 窗口控制下拉菜单,可以执行最小化或最大化窗口、恢复窗口、移动窗口、关闭 AutoCAD 等操作。

2.2.2 菜单栏

中文版 AutoCAD 的菜单栏由"文件(F)""编辑(E)""视图(V)""插入(I)""格式(O)""工具(T)""绘图(D)""标注(N)""修改(M)""参数(P)""窗口(W)""帮助(H)"等菜单组成,每个菜单下面又有若干子菜单,几乎包括了 AutoCAD 中全部的功能和命令。

2.2.3 工具栏

工具栏是应用程序调用命令的另一种方式,它包含许多由图标表示的命令按钮。在 AutoCAD 中,共提供了二十多个已命名的工具栏。默认情况下,"标准""属性""绘图"和"修改"等工具栏处于打开状态。如果要显示当前隐藏的工具栏,可在任意工具栏上右击,此时将弹出一个快捷菜单,通过选择命令可以显示或关闭相应的工具栏。

2.2.4 绘图工具条

在 AutoCAD 中,大部分绘图命令在绘图工具条有对应的命令按钮,对应没有显示的命令,可以由用户自己添加。如绘图工具条中默认没有多线(mline)命令,就要自己添加,步骤如下:在菜单栏中选择"视图(V)"→"工具栏(O)"→"命令"选项卡,在"绘图"左侧窗口中找到"多线"命令,用左键将它拖出,放到任何已有工具条中,成为已有工具条一员。

2.2.5 绘图窗口

在 AutoCAD 中,绘图窗口是用户绘图的工作区域,所有的绘图结果都反映在这个窗口中。可以根据需要关闭其周围和里面的各个工具栏,以增大绘图空间。如果图纸比较大,需要查看未显示部分时,可以单击窗口右边与下边滚动条上的箭头,或拖动滚动条上的滑块来移动图纸。

在绘图窗口中除了显示当前的绘图结果外,还显示了当前使用的坐标系类型以及坐标原点、X 轴、Y 轴、Z 轴的方向等。默认情况下,坐标系为世界坐标系(WCS)。

绘图窗口的下方有"模型"和"布局"选项卡,单击其标签可以在模型空间或图纸空间之间来回切换。

2.2.6 命令栏

命令栏窗口位于绘图窗口的底部,用于接收用户输入的命令,并显示 AutoCAD 提示信息,在 AutoCAD 中,命令栏窗口可以拖放为浮动窗口。

如果命令栏被隐藏，可以按<Ctrl+9>组合键，显示命令栏。

2.2.7 文本窗口

AutoCAD 的文本窗口是记录 AutoCAD 命令的窗口，是放大的命令栏窗口，它记录了已执行的命令，也可以用来输入新命令。

文本窗口的高度默认是两行，如果需要查看以前输入的命令，可以拖动文本窗口的边沿，拉高文本窗口的高度。

在 AutoCAD 中，可以选择"视图"→"显示"→"文本窗口"命令、执行 TEXTSCR 命令或按 F2 键来打开 AutoCAD 文本窗口，它记录了对文档进行的所有操作。

2.2.8 状态行

状态行包括如"栅格""栅格捕捉""正交""极轴""等轴测""显示捕捉参照""捕捉到二维参照点""最小化/最大化视图""显示注释对象""切换工作空间""最小化/最大化窗口"等主要功能按钮。如图 2-13 所示。

图 2-13　状态行的主要功能按钮

2.3　AutoCAD 的基本操作

2.3.1　调用命令方式

调用 AutoCAD 命令的方法一般有两种，一种是在命令栏中输入命令全称或简称，另一种是用鼠标选择一个菜单命令或单击工具栏上的命令按钮。绘制一个圆的命令执行过程如下。

命令:C↙　　　　　　　　　　　//"C"是 Circle 的缩写，"↙"表示 Enter
指定圆的圆心或[三点(3P)/两点(2P)/相切、相切、半径(T)]:25,35↙
　　　　　　　　　　　　　　　//输入圆心坐标
指定圆的半径或[直径(D)]:10↙　　//输入圆半径

执行上述命令后，就会以（25，35）为圆心，以 10mm 为半径，绘制一个圆。

说明：在方括号"[ ]"中，以"/"隔开的内容表示各个选项，若要选择某个选项，则需输入圆括号中的字母，可以是大写或小写形式。如果以不在同一直线上的 3 个点画圆，就输入"3P"。尖括号"< >"中的内容是当前默认值。

2.3.2　设置图形单位

图形单位可以分为毫米（mm）和英寸（in），我国国家的法定计量单位是毫米（mm），在绘图前,应先设定图形单位,设置图形单位的步骤如下。

(1) 在菜单栏中选择"格式(O)"→"单位"命令,或在命令栏输入 UNITS(或 UN)。

(2) 在弹出的【图形单位】对话框中定义长度和角度的图形单位,如图 2-14 所示。

(3) 单击"确定"按钮,AutoCAD 将按照所设置的图形单位绘图。

2.3.3 设置图形界限

使用 LIMITS 命令可以在工作区中设置一个矩形绘图区域,它有两个选项"开(ON)/关(OFF)",当设置为"开(ON)"时,用户不能在界限以外绘制图形,当设置为"关(OFF)"时,取消 LIMITS 设置,用户可以在界限以外绘制图形。

图 2-14 定义长度和角度的图形单位

在菜单栏中选择"格式(O)"→"图形界限"命令,或在命令栏中输入 LIMITS,然后单击 Enter 键,如图 2-15 所示。

输入(0,0)↙   //必须在非中文状态下输入","
输入(420,297)↙   //"↙"表示单击 Enter。

执行该命令后,只能在以左下角为(0,0),右上角为(420,297)的矩形范围内绘制图形。

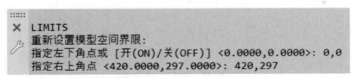

图 2-15 设置图形界限

2.4 图形文件管理

在 AutoCAD 2020 中,图形文件管理包括创建新图形文件、打开已有的图形文件、保存图形文件、关闭图形文件等操作。

2.4.1 创建新图形文件

选择"文件(F)"→"新建(N)"命令,此时弹出【选择样板】对话框。在【选择样板】对话框中,单击"打开"按钮旁边的▼,可以按选择的样板文件创建新图形文件。

2.4.2 打开已有的图形文件

在菜单栏中选择"文件(F)"→"打开(O)"命令,或在"标准"工具栏中单击"打开"按钮,可以打开已有的图形文件,此时将打开【选择文件】对话框。选择需要打开的图形文件，在右面的"预览"框中将显示出该图形的预览图像。默认情况下，打开的图形文件的格式为.dwg。

在 AutoCAD 中，有"打开""以只读方式打开""局部打开"和"以只读方式局部打开"4 种方式打开文件。当以"打开""局部打开"方式打开文件时，可以对打开的图形进行编辑，如果以"以只读方式打开""以只读方式局部打开"方式打开文件时，则不能对打开的图形进行编辑。

2.4.3 保存图形文件

在 AutoCAD 中，可以使用多种方式将所绘图形进行保存，例如，可以选择"文件"→"保存"命令（QSAVE），或在"标准"工具栏中单击"保存"按钮，以当前的文件名保存图形；也可以选择"文件（F）"→"另存为（A）"命令，以新的名称进行保存。

在第一次保存所绘制的图形时，系统将打开"图形另存为"对话框。默认情况下，文件以"*.dwg"格式保存，也可以在"文件类型"下拉列表框中选择其他格式，如"*.dxf"等。

2.4.4 关闭图形文件

选择"文件（F）"→"关闭（C）"命令，或在绘图窗口中单击"关闭"按钮，可以关闭当前图形文件。

如果当前图形没有存盘，系统将弹出【AutoCAD】警告对话框，如图 2-16 所示，询问是否保存文件。如果单击"是（Y）"按钮或直接按 Enter 键，可以保存当前图形文件并将其关闭；如果单击"否（N）"按钮，可以关闭当前图形文件但不存盘；如果单击"取消"按钮，取消关闭当前图形文件操作，既不保存也不关闭。

如果当前所编辑的图形文件没有命名，那么单击"是（Y）"按钮后，AutoCAD 会打开"图形另存为"对话框，要求用户确定图形文件存放的位置和名称。

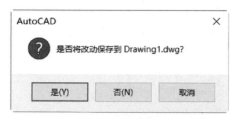

图 2-16 【AutoCAD】警告对话框

2.5 AutoCAD 快捷键

AutoCAD 2020 是一款非常专业的制图软件，有很多快捷键代替命令操作，灵活运用快捷键，有利于提高绘图速度，见表 2-1～表 2-7。

表 2-1 绘图快捷键命令

快捷键	功能	快捷键	功能	快捷键	功能
圆	C	点	PO	直线	L
圆弧	A	椭圆	EL	表格	TB
矩形	REC	面域	REG	创建块	B
插入块	I	多段线	PL	构造线	XL
图案填充	H	样条曲线	SPL	正多边形	POL

表 2-2 标注快捷键命令

快捷键	功能	快捷键	功能	快捷键	功能
线性标注	DLI	对齐标注	DAL	折弯标注	DJO
坐标标注	DOR	半径标注	DRA	快速标注	QDIM
直径标注	DDI	角度标注	DAN	几何公差	TOL
基线标注	DBA	连续标注	DCO	编辑标注	DED
标记圆心	DCE	折弯线性	DJL		
标注样式	DST	弧长标注	DAR		

表 2-3 修改快捷键命令

快捷键	功能	快捷键	功能	快捷键	功能
删除	E	复制	CO	镜像	MI
偏移	O	阵列	AR	移动	M
旋转	RO	缩放	SC	拉伸	S
裁剪	TR	延伸	EX	打断	BR
合并	J	倒角	CHA	圆角	F
分解	X	删除	DEL	实时缩放	Z

表 2-4 文字快捷键命令

快捷键	功能	快捷键	功能	快捷键	功能
多行文字	MT	单行文字	DT	修改文字	ED
查找替换	FIND	拼写检查	SP		

表 2-5 样式快捷键命令

快捷键	功能	快捷键	功能	快捷键	功能
文字样式	ST	表格样式	TS	引线样式	MLS

表 2-6 图层快捷键命令

快捷键	功能	快捷键	功能	快捷键	功能
图层管理	LA	图层状态	LAS	冻结图层	ayfrz
关闭图层	layoff	锁定图层	laylck	解锁图层	layulk

表 2-7 功能键

快捷键	功能	快捷键	功能	快捷键	功能
F1	帮助	F11	对象捕捉追踪	Ctrl+G	栅格
F2	打开文本	F12	动态输入	Ctrl+B	栅格捕捉
F3	对象捕捉	Ctrl+N	新建文件	Ctrl+F	对象捕捉
F4	三维对象捕捉	Ctrl+O	打开文件	Ctrl+L	正交
F5	等轴测平面转换	Ctrl+S	保存文件	Ctrl+W	对象追踪
F6	允许/禁止动态 UCS	Ctrl+P	打印文件	Ctrl+U	极轴
F7	栅格显示	Ctrl+Z	UNDO 放弃	Ctrl+1	修改特性
F8	正交模式	Ctrl+X	剪切	Ctrl+2	设计中心
F9	捕捉模式	Ctrl+C	复制		
F10	极轴追踪	Ctrl+V	粘贴		

第 3 章

基本绘图指令

 学习导引

本章学习 AutoCAD 2020 绘图的基本绘图指令，了解 AutoCAD 2020 中坐标的表示方式。

3.1 坐标的表示方式

在 AutoCAD 中，坐标表示方式有四种类型，即绝对直角坐标（X，Y）、相对直角坐标（@X，Y）、绝对极坐标（X＜a）、相对极坐标（@X＜a）。它们的特点如下。

绝对直角坐标：在平面内画两条互相垂直，并且有公共原点的数轴。其中横轴为 X 轴，纵轴为 Y 轴。这样我们就说在平面上建立了平面直角坐标系，简称直角坐标系，其表示方式为（X 方向增量，Y 方向增量），即（X，Y）。例如点（2.0，-1.2），表示该点到 X、Y 轴的位移分别为 2.0、-1.2。

绝对极坐标：是指在平面内由极点、极轴和极径组成的坐标系。在平面上取定一点 O，称为极点。从 O 出发引一条射线 OX，称为极轴。这样，平面上任一点 P 的位置就可以用线段 OP 的长度 ρ 以及从 OX 到 OP 的角度 θ 来确定，有序数对（ρ，θ）就称为 P 点的极坐标，记为 P（ρ，θ）。其中 ρ 称为 P 点的极径，θ 称为 P 点的极角，通常规定角度取逆时针方向为正。表示方式为"距离＜角度"，即（R＜θ），例如点（4.27＜60），表示该点到（0，0）的距离为 4.27，极角为 60°。

相对直角坐标：在 AutoCAD 中，相对直角坐标是将前一个输入点的坐标作为当前输入坐标值的参考点，它的表示方法是在绝对直角坐标前加上"@"号，表示方式为（@X 方向增量，Y 方向增量），即（@X，Y）。如（@-13，8），表示的是该点相对于前一个点在 X、Y 轴方向上的位移分别为-13、8。

相对极坐标：在 AutoCAD 中，相对极坐标是将前一个输入点的坐标作为下一个输入坐标值的参考点，它的表示方法是在绝对直角坐标表达方式前加上"@"号，即"@距离＜角度"。如（@11＜24），表示的是以上一点为极点，该点与前一点的距离为 11，极角为 24°。

【例 3-1】 已知 O 为原点，A 为起点，B 为终点，如图 3-1 所示，请分别用绝对直角坐标（X，Y）、相对直角坐标（@X，Y）、绝对极坐标（X＜a）、相对极坐标（@X＜a）表式 B 点坐标。

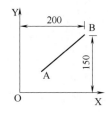 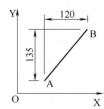 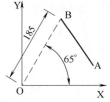 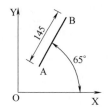

图 3-1　四种坐标的表示方式

（1）B 点用绝对直角坐标表示为（200，150）。
（2）B 点用相对直角坐标表示为（@120，135）。
（3）B 点用绝对极坐标表示为（185＜65）。
（4）B 点用相对极坐标表示为（@145＜65）。

在绘图过程中不是自始至终只能使用一种坐标模式，而可将多种坐标模式混合使用。用户可以根据绘图的实际情况选择最为有效的坐标方式，例如可以从绝对直角坐标开始，然后改为相对极坐标、相对直角坐标等。

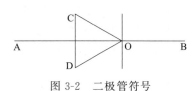

图 3-2　二极管符号

【例 3-2】　绘制二极管符号，如图 3-2 所示。

命令：L↙　　　　　　　　　　　　　//"L"是"Line"的缩写
50,50↙　　　　　　　　　　　　　 //A 点，绝对直角坐标
@16,0↙　　　　　　　　　　　　　 //B 点，相对直角坐标
↙　　　　　　　　　　　　　　　　//当前命令结束
↙　　　　　　　　　　　　　　　　//重复上次的命令，直接回车
60,47.5↙
@5＜90↙
↙　　　　　　　　　　　　　　　　//当前命令结束
↙　　　　　　　　　　　　　　　　//重复上次的命令
直接用鼠标选中所绘两条直线的交点 O
@5＜150↙　　　　　　　　　　　　 //C 点，相对极坐标
@5＜270↙　　　　　　　　　　　　 //D 点，相对极坐标
C↙　　　　　　　　　　　　　　　 //封闭命令

3.2　建立用户坐标系 UCS

在 AutoCAD 软件中有两个坐标系，一个是世界坐标系（WCS），该坐标系的原点位于软件默认的位置，一般位于屏幕左下角，X 轴为水平方向，Y 轴为竖直方向；另一个是用户坐标系（UCS），该坐标系的原点、X 轴、Y 轴的方向都由用户指定。

【例 3-3】　以（100，100）为原点，以（100，100）和（150，120）的连线为 X 轴，该直线的左上方为 Y 轴，建立用户坐标系。

命令：UCS↙
UCS 指定 UCS 的原点或[面(F)/命名(NA)/对象(OB)/上一个(P)/视图(V)/世界(W)/X/Y/Z/Z轴(ZA)]＜世界＞:100,100↙
150,120↙

图 3-3 创建用户坐标系

然后选取该直线的左上方，即可创建用户坐标系，如图 3-3 所示。

【例 3-4】 将坐标系恢复成世界坐标系。

命令：UCS✓

UCS 指定 UCS 的原点或［面（F）/命名（NA）/对象（OB）/上一个（P）/视图（V）/世界（W）/X/Y/Z/Z 轴（ZA）］<世界>：W✓　　//恢复成世界坐标系

【例 3-5】 在世界坐标系（WCS）中，以（100，100）为原点，水平方向为 X 轴，该点的上方为 Y 轴，建立用户坐标系。

命令：UCS✓

UCS 指定 UCS 的原点或［面（F）/命名（NA）/对象（OB）/上一个（P）/视图（V）/世界（W）/X/Y/Z/Z 轴（ZA）］<世界>：100,100✓

指定 X 轴上的点或<接受>：@100,0✓　　　　　　　　　　//指定 X 轴

指定 XY 平面上的点或<接受>：@0,100✓　　　　　　　　//指定 Y 轴

如果要恢复世界坐标系（WCS），可以按下列步骤操作。

命令：✓　　　　　　　　　　　　　　　　　　　　　　//重复上次的命令

UCS 指定 UCS 的原点或［面（F）/命名（NA）/对象（OB）/上一个（P）/视图（V）/世界（W）/X/Y/Z/Z 轴（ZA）］<世界>：W✓

3.3　绘制线

在 AutoCAD 中，只需要指定起点和终点即可绘制一条直线，可以用二维坐标（X，Y）或三维坐标（X，Y，Z）来指定起点或终点，如果输入的是二维坐标，Z 的默认值为 0，或用当前的高度作为 Z 轴坐标值。

在菜单栏中选择"绘图（D）"→"直线（L）"命令，或在"绘图"工具栏中单击"直线"按钮，或在命令栏中输入"LINE"或"L"，即可开始绘制直线。

【例 3-6】 用直线命令绘制继电器和接触器线圈符号，如图 3-4 所示。

分别用直角坐标和相对极坐标绘制矩形，方法如下：

图 3-4 继电器和接触器线圈符号

命令：L✓	命令：L✓
0,0✓	0,0✓
6,0✓	@6<0✓
6,4✓	@4<90✓
0,4✓	@6<180✓
C✓	C✓
✓	✓
3,7✓	3,7✓
3,4✓	@3<270✓
✓	✓
3,−3✓	3,0✓
3,0✓	@3<−90✓

【例 3-7】 用相对极坐标命令绘制图 3-5 所示的图形。

命令:L↵
0,0↵　　　　　　　//输入起点坐标
@1000＜0↵
U↵　　　　　　　//上一步操作有误，撤销
@50＜10↵　　　　//输入正确的坐标值
@30＜75↵
@22.5＜20↵

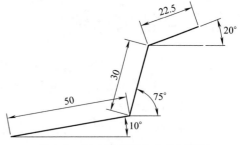

图 3-5　相对极坐标命令绘制图形

3.4　删除

如果要删除所绘制的图素，可以在命令栏中输入"Erase"命令，或在"修改"工具栏中单击"删除"按钮，或者直接单击键盘的"Delete"键。

【例 3-8】　用 Erase 命令删除图 3-5 中的线条。

命令:E↵　　　　　　　　　　　　　　//Erase 的缩写
选择对象:选择线条
选择对象:↵

3.5　撤销

在命令栏中输入"撤销"（UNDO）命令，可以返回上一步的操作。

【例 3-9】　撤销上一步的删除操作。

命令:U↵　　　　　　　　　　　　　　//UNDO 的缩写

3.6　恢复

在命令栏中输入"恢复"（REDO）命令，可以恢复"撤销"（UNDO）的操作。

【例 3-10】　恢复上一步的操作。

命令:REDO↵

<提示>
REDO 必须在 U 或 UNDO 命令后立即执行，只能对上次的"撤销"命令有效。

3.7　绘制射线

在命令栏中输入"RAY"，即可绘制射线，直到单击右键或 Enter 键或按 Esc 键退出为止。

命令:RAY↵
指定起点:选择基准点
指定通过点:

3.8 绘制构造线

选择"绘图（D）"→"构造线（T）"命令，或在命令栏中输入"XLINE"，都可绘制构造线，直到单击右键或按 Esc 键或 Enter 键退出为止。

命令：XLINE↙
指定点或[水平(H)/垂直(V)/角度(A)/二等分(B)/偏移(O)]：选择基准点
指定通过点：

3.9 绘制点

在 AutoCAD 中，点可以分为单点、多点、定数等分点和定距等分点 4 种。

（1）单点：选择"绘图（D）"→"点"→"单点"命令，一次绘制一个点。

（2）多点：选择"绘图（D）"→"点"→"多点"命令，一次绘制多个点，按 Esc 键结束。

（3）定数等分点：选择"绘图（D）"→"点"→"定数等分"命令，可以在选择的对象上绘制等分点。

（4）定距等分点：选择"绘图（D）"→"点"→"定距等分"命令，可以在选择的对象上按指定的长度绘制点。

<提示>

如果绘制点后，在屏幕上看不到点，在菜单栏中选择"格式（O）"→"点样式（P）"命令，在【点样式】对话框中选择"✕"选项，将"点大小"设为 2%，单击"⊙相对于屏幕设置大小"，即可显示点，如图 3-6 所示。

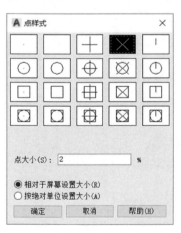

图 3-6　设置【点样式】对话框

【例 3-11】 任意绘制一条直线段，并在该线段上绘制 5 个点，将该线段分成 6 等分。

（1）在菜单栏中选择"绘图（D）"→"点（O）"→"定数等分（D）"命令，然后选择所绘制的直线段。

（2）再在命令栏中输入"6"。

（3）在所选择的线段上绘制 5 个点，将该线段分成 6 等分，如图 3-7 所示。

【例 3-12】 以起点为（20，20），终点为（180，50）绘制一条直线段，并在该线段上绘制若干个点，每两点之间的距离为 30mm。

（1）在菜单栏中选择"绘图（D）"→"点（O）"→"定距等分（M）"命令，然后选择所绘制的直线段。

图 3-7　绘制 5 个点，将该线段分成 6 等分

(2) 再在动态框中输入"30"。
(3) 在所选择的线段上绘制若干个点,每两点之间的距离为30mm,如图3-8所示。

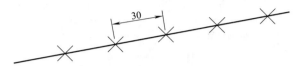

图3-8 绘制若干个点,每两点之间的距离为30mm

3.10 绘制矩形

在菜单栏中选择"绘图(D)"→"矩形(G)"命令,或在命令栏中输入"RECTANG",即可绘制出倒角矩形、圆角矩形、有厚度的矩形等多种矩形。

3.10.1 直角矩形

命令:RECTANG↙
指定第一个角点或[倒角(C)/标高(E)/圆角(F)/厚度(T)/宽度(W)]:选取第一点
指定另一个角点或[面积(A)/尺寸(D)/旋转(R)]:选取第二点
选取矩形的两个对角点,即可绘制一个直角矩形,如图3-9(a)所示。

3.10.2 倒角矩形

命令:↙   //提示:重复上次的命令,直接单击Enter
指定第一个角点或[倒角(C)/标高(E)/圆角(F)/厚度(T)/宽度(W)]:C↙
指定矩形的第一倒角距离<0.0000>:5↙
指定矩形的第二倒角距离<0.0000>:8↙
选取矩形的两个对角点,即可绘制一个带倒角的矩形,倒角尺寸为5mm×8mm,如图3-9(b)所示。

3.10.3 圆角矩形

命令:↙
指定第一个角点或[倒角(C)/标高(E)/圆角(F)/厚度(T)/宽度(W)]:F↙
指定矩形的圆角半径<0.0000>:5↙
选取矩形的两个对角点,即可绘制一个带圆角的矩形,倒圆角尺寸R10mm,如图3-9(c)所示。

3.10.4 宽度矩形

命令:↙
指定第一个角点或[倒角(C)/标高(E)/圆角(F)/厚度(T)/宽度(W)]:W↙
指定矩形的线宽<0.0000>:0.3↙
选取矩形的两个对角点,即可绘制一个线条宽度为0.3mm的矩形,如图3-9(d)所示。

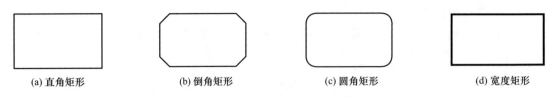

(a) 直角矩形　　(b) 倒角矩形　　(c) 圆角矩形　　(d) 宽度矩形

图 3-9　绘制矩形

3.11 绘制正多边形

选择"绘图"→"正多边形"命令（POLYGON），或在命令栏中输入"POLYGON"，可以绘制边数为 3~1024 的正多边形。

【例 3-13】 已知圆心为（50，60），半径为 30mm，以内接于圆的方式，绘制一个正八边形。

命令:POLYGON↙

输入侧面数<5>:8↙

指定正多边形的中心点或[边(E)]:50,60↙

输入选项[内接于圆(I)/外切于圆(C)]<C>:I↙

指定圆的半径:30↙

在绘图区中生成一个内接于圆的正八边形，如图 3-10（a）所示。

【例 3-14】 已知圆心为（50，60），半径为 30mm，以外切于圆的方式，绘制一个正八边形。

命令:POLYGON↙

输入侧面数<5>:8↙

指定正多边形的中心点或[边(E)]:50,60↙

输入选项[内接于圆(I)/外切于圆(C)]<C>:C↙

指定圆的半径:30↙

在绘图区中生成一个外切于圆的正八边形，如图 3-10（b）所示。

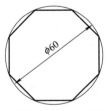 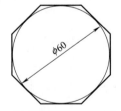

(a) 内接于圆的正八边形　　(b) 外切于圆的正八边形

图 3-10　绘制正多边形

<提示>

两种方式所创建的正八边形大小不相同。

3.12 分解

对于矩形、块等由多个对象组成的组合对象,如果需要对单个成员进行编辑,就需要先将它分解开。选择"修改(M)"→"分解(X)"命令,或在"修改"工具栏中单击"分解"按钮,选择需要分解的对象后按 Enter 键,即可分解图形并结束该命令。

【例 3-15】 用 EXPLODE 命令将正多边形进行分解。

命令:X↙   //Explode 命令的缩写
选择对象:选择正多边形
选择对象:↙
执行效果是将正多边形分解成若干条线段。

3.13 绘制圆

在 AutoCAD 中,有 6 种绘制圆的方法,下面一一进行介绍。

3.13.1 以圆心和半径绘圆

【例 3-16】 以(40,50)为圆心,绘制一个半径为 30mm 圆,如图 3-11 中的圆(1)。

命令:C↙   //Circle 的缩写
指定圆的圆心或[三点(3P)/两点(2P)/切点、切点、半径(T)]:40,50↙
指定圆的半径或[直径(D)]<0.0000>:30↙

3.13.2 以圆心和直径绘圆

【例 3-17】 以(90,30)为圆心,绘制一个直径为 20mm 圆,如图 3-11 中的圆(2)。

命令:C↙
指定圆的圆心或[三点(3P)/两点(2P)/切点、切点、半径(T)]:90,30↙
指定圆的半径或[直径(D)]<30.0000>:D↙
指定圆的直径<60.0000>:20↙

3.13.3 以不在一条直线上的三点绘圆

【例 3-18】 经过(118,120)、(72,120)、(85,90)三点,绘制一个圆,如图 3-11 中的圆(3)。

命令:C↙
指定圆的圆心或[三点(3P)/两点(2P)/切点、切点、半径(T)]:3P↙
指定圆上的第一个点:118,120↙
指定圆上的第二个点:72,120↙
指定圆上的第三个点:85,90↙

3.13.4 以两点绘圆

【例 3-19】 经过(110,65)、(155,65)两个点,绘制一个圆,如图 3-11 中的圆(4)。

命令:C↙
指定圆的圆心或[三点(3P)/两点(2P)/切点、切点、半径(T)]:2P↙
指定圆上的第一个点:110,65↙
指定圆上的第二个点:155,65↙

> **〈提示〉**
>
> 两点的连线为圆的直径。

3.13.5 与两个图素相切和半径绘圆

【例3-20】 绘制一个圆,半径为25mm,与圆(1)、圆(3)相切,如图3-11中的圆(5)。
命令:C↙
指定圆的圆心或[三点(3P)/两点(2P)/切点、切点、半径(T)]:T
指定对象与圆的第一个切点:选择圆(1)
指定对象与圆的第二个切点:选择圆(3)
指定圆的半径<15.0000>:25↙

3.13.6 与三个图素相切绘圆

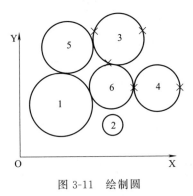

图3-11 绘制圆

【例3-21】 绘制一个圆,同时与圆(1)、圆(3)、圆(4)相切,如图3-11中的圆(6)。

在菜单栏中选择"绘图(D)"→"圆(C)"→"相切、相切、相切(A)"命令。

指定圆的圆心或[三点(3P)/两点(2P)/切点、切点、半径(T)]:_3
指定圆上的第一个点:_TAN 到:选择圆(1)
指定圆上的第二个点:_TAN 到:选择圆(3)
指定圆上的第三个点:_TAN 到:选择圆(4)

3.14 绘制圆弧

在AutoCAD中,有11种绘制圆弧的方法,下面一一进行介绍。

3.14.1 使用"三点"命令绘弧

第一点为圆弧的起点,第二点为圆弧上的某一点,第三点为圆弧的终点,所选择的3个点应不在同一直线上。

在菜单栏中选择"绘图(D)"→"圆弧(A)"→"三点(P)"命令或直接在命令栏中输入"A"。

3.14.2 使用"起点、圆心、端点"命令绘弧

第一点为圆弧的起点,第二点为圆弧的圆心,第三点为圆弧的终点,所选择的3个点应

不在同一直线上。

在菜单栏中选择"绘图（D）"→"圆弧（A）"→"起点、圆心、端点（S）"命令。

3.14.3　使用"起点、圆心、角度"命令绘弧

起点绕圆心旋转指定的角度所形成的圆弧，按逆时针方向旋转的角度为正，顺时针方向旋转的角度为负。

【例 3-22】　以 O（30，20）为圆心，A（60，15）为起点，夹角为 59°，绘制圆弧，如图 3-12 所示。

在菜单栏中选择"绘图（D）"→"圆弧（A）"→"起点、圆心、角度（T）"命令。
指定圆弧的起点或[圆心(C)]:60,15✓
指定圆弧的圆心:30,20✓
指定角度(按住 Ctrl 键以切换方向):59°✓

3.14.4　使用"起点、圆心、长度"命令绘弧

起点绕圆心按逆时针方向旋转，圆弧的终点通过指定圆弧起点和端点之间的弦长确定。

【例 3-23】　以 O（40，20）为圆心，A（85，15）为起点，弦长为 30mm，绘制圆弧，如图 3-13 所示。

在菜单栏中选择"绘图（D）"→"圆弧（A）"→"起点、圆心、长度（A）"命令。
指定圆弧的起点或[圆心(C)]:85,15✓
指定圆弧的圆心:40,20✓
指定圆弧的端点(按住 Ctrl 键以切换方向)或[角度(A)/弦长(L)]:L✓
指定弦长(按住 Ctrl 键以切换方向):30✓

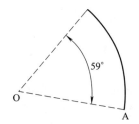

图 3-12　点 A 绕 O 点旋转 59° 所形成的圆弧

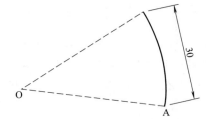

图 3-13　点 A 绕 O 点旋转，当弦长为 30mm 时所形成的圆弧

3.14.5　使用"起点、端点、角度"命令绘弧

圆心在起点与终点连线的垂直平分线上，所绘制的圆弧是从起点绕圆心按逆时针方向旋转至端点所形成的劣弧。

经过不在一条直径上的 A、B 两点有 4 条圆弧，如图 3-14 所示，分别是 ACB、ADB、AEB、AFB，其中 ACB、AFB 为优弧，ADB、

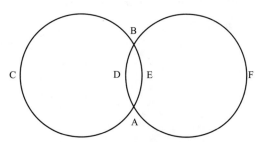

图 3-14　经过不在一条直径上的 A、B 两点有 4 条圆弧

AEB 为劣弧。如果 A 是起点，B 是终点，则 ACB、ADB 是顺时针圆弧，AEB、AFB 是逆时针圆弧。

> **〈提示〉**
> 圆上任意两点间的部分叫做弧，直径的两个端点分圆成两条弧，每一条弧都叫半圆。大于半圆的弧叫做优弧，小于半圆的弧叫做劣弧。

【例 3-24】 以 A（60，20）为起点，B（40，25）为终点，圆心角为 55°，绘制圆弧，如图 3-15 所示。

在菜单栏中选择"绘图（D）"→"圆弧（A）"→"起点、端点、角度（N）"命令。
指定圆弧的起点或[圆心(C)]:60,20 ↙
指定圆弧的端点:40,25 ↙
指定角度(按住 Ctrl 键以切换方向):55 ↙

3.14.6 使用"起点、端点、方向"命令绘弧

使用起点、端点和起点的切线方向绘制圆弧。起点的切线方向是由角度来确定。

【例 3-25】 以 A（60，20）为起点，B（35，15）为终点，起点切线的角度为 135°，绘制圆弧，如图 3-16 所示。

在菜单栏中选择"绘图（D）"→"圆弧（A）"→"起点、端点、方向（D）"命令。
指定圆弧的起点或[圆心(C)]:60,20 ↙
指定圆弧的端点:35,15 ↙
指定圆弧起点的相切方向(按住 Ctrl 键以切换方向):135 ↙

3.14.7 使用"起点、端点、半径"命令绘弧

起点绕圆心，按逆时针方向旋转至端点所形成的圆弧。当输入半径为正数时，绘制劣弧；当输入半径为负数时，绘制优弧。

【例 3-26】 以 A（42，15）为起点，B（35，25）为终点，半径为 15mm，绘制圆弧，如图 3-17 所示。

在菜单栏中选择"绘图（D）"→"圆弧（A）"→"起点、端点、半径（R）"命令。
指定圆弧的起点或[圆心(C)]:40,15 ↙
指定圆弧的端点:35,25 ↙
指定圆弧的半径(按住 Ctrl 键以切换方向):15 ↙

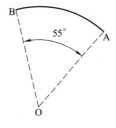

图 3-15 按起点、端点、角度绘弧

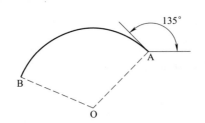

图 3-16 按起点、端点、方向绘弧

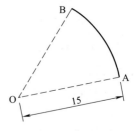

图 3-17 按起点、端点、半径绘弧

3.14.8 使用"圆心、起点、端点"命令绘弧

起点绕圆心,按逆时针方向旋转至终点所形成的圆弧。

【例3-27】 以 O(28,5)为圆心,A(40,15)为起点,B(30,20)为终点,按逆时针方向绘制圆弧,如图3-18所示。

在菜单栏中选择"绘图(D)"→"圆弧(A)"→"圆心、起点、端点(C)"命令。

指定圆弧的圆心:28,5 ↙

指定圆弧的起点:40,15 ↙

指定圆弧的端点(按住 Ctrl 键以切换方向)或[角度(A)/弦长(L)]:30,20 ↙

3.14.9 使用"圆心、起点、角度"命令绘弧

通过指定圆心位置、起点位置和圆弧所对应的圆心角按逆时针方向绘制圆弧。

【例3-28】 以 O(30,8)为圆心,A(45,15)为起点,圆心角为65°,绘制圆弧,如图3-19所示。

在菜单栏中选择"绘图(D)"→"圆弧(A)"→"圆心、起点、角度(E)"命令。

指定圆弧的圆心:30,8 ↙

指定圆弧的起点:45,15 ↙

指定角度(按住 Ctrl 键以切换方向):65 ↙

3.14.10 使用"圆心、起点、长度"命令绘弧

通过指定圆心位置、起点位置和弦长按逆时针方向绘制圆弧。

【例3-29】 以 O(35,6)为圆心,A(50,12)为起点,弦长为15mm,绘制圆弧,如图3-20所示。

在菜单栏中选择"绘图(D)"→"圆弧(A)"→"圆心、起点、长度(L)"命令。

指定圆弧的圆心:35,6 ↙

指定圆弧的起点:50,12 ↙

指定弦长(按住 Ctrl 键以切换方向):15 ↙

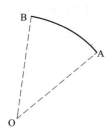
图3-18 按圆心、起点、端点绘弧

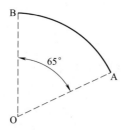
图3-19 按圆心、起点、角度绘弧

图3-20 按圆心、起点、弦长绘弧

3.14.11 使用"继续"命令绘弧

所创建圆弧相切于上一次命令所绘制的直线或圆弧。执行此命令时,命令栏出现"指定圆弧的端点"的提示信息。

【例3-30】 以点A（100,100）、B（80,75）为端点，半径为50mm绘制一条圆弧，再以点C（15,40）为端点，绘制一条圆弧，与AB弧在B点处相切，如图3-21所示。

命令：A↙
指定圆弧的起点或[圆心(C)]：100,100↙
指定圆弧的第二个点或[圆心(C)/端点(E)]：E↙
指定圆弧的端点：80,75↙
指定圆弧的中心点(按住Ctrl键以切换方向)或[角度(A)/方向(D)/半径(R)]：R↙
指定圆弧的半径(按住Ctrl键以切换方向)：50↙
命令：↙   //重复上次的命令，可以直接单击Enter键
　↙   //直接单击Enter键，以上次圆弧的终点为起点，并
　　　　　　　　　　　　　　　以相切方式绘制一条圆弧
指定圆弧的端点：15,40↙

所绘制的两条圆弧相切，效果如图3-21所示。

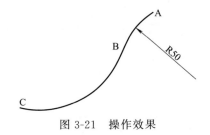

图3-21　操作效果

3.15　绘制椭圆

在菜单栏中选择"绘图(D)"→"椭圆(E)"子菜单中的命令，或单击"绘图(D)"工具栏中的"椭圆"按钮，即可绘制椭圆。

【例3-31】 以（60,30）为中心，长轴为60mm，短轴为30mm，绘制一个椭圆。

命令：ELLIPSE↙
指定椭圆的轴端点或[圆弧(A)/中心点(C)]：C↙　　　//以中心点绘制椭圆
指定椭圆的中心点：60,30↙
指定轴的端点：90,30↙
指定另一条半轴长度或[旋转(R)]：60,45↙

绘制椭圆（1），如图3-22所示。

【例3-32】 以（45,35）为中心，长轴为40mm，短轴为30mm，倾斜角为30°，绘制一个椭圆。

命令：ELLIPSE↙
指定椭圆的轴端点或[圆弧(A)/中心点(C)]：C↙
指定椭圆的中心点：45,35↙
指定轴的端点：@20<30↙
指定另一条半轴长度或[旋转(R)]：@15<120↙

绘制椭圆（2），如图3-23所示。

【例3-33】 以(20,10)和(50,10)为长轴的端点,短轴半轴为5mm,绘制一个椭圆。

命令:ELLIPSE↙

指定椭圆的轴端点或[圆弧(A)/中心点(C)]:20,10↙

指定轴的另一个端点:50,10↙

指定另一条半轴长度或[旋转(R)]:5↙

绘制椭圆(3),如图3-24所示。

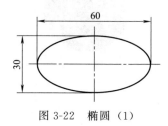

图3-22 椭圆(1)

图3-23 椭圆(2)

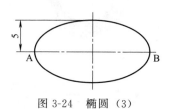

图3-24 椭圆(3)

3.16 绘制椭圆弧

在AutoCAD中,椭圆弧的绘图命令和椭圆的绘图命令都是ELLIPSE,但命令栏的提示不同。选择"绘图"→"椭圆"→"圆弧"命令,或在"绘图"工具栏中单击"椭圆弧"按钮,都可绘制椭圆弧。椭圆弧的正方向是沿逆时针从起点向终点。

【例3-34】 以(100,50)和(10,50)为长轴的端点,短轴半轴为25mm,起始角度为30°,终止角度为150°,绘制一个椭圆弧。

命令:ELLIPSE↙

指定椭圆的轴端点或[圆弧(A)/中心点(C)]:A↙

指定椭圆弧的轴端点或[中心点(C)]:100,50↙

指定轴的另一个端点:10,50↙

指定另一条半轴长度或[旋转(R)]:25↙

指定起点角度或[参数(P)]:30↙

指定端点角度或[参数(P)/夹角(I)]:150↙

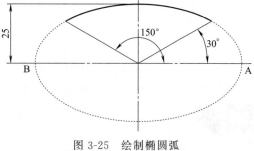

图3-25 绘制椭圆弧

绘制椭圆弧,如图3-25所示。

3.17 绘制圆环

【例3-35】 以(15,15)为圆心,圆环的内径为10mm,圆环的外径为15mm,绘制一个圆环。

命令:DONUT↙

指定圆环的内径<0.5000>:10↙

指定圆环的外径<1.0000>:15 ↵
指定圆环的中心点或<退出>:15,15 ↵
所绘制的圆环效果如图 3-26 所示。
如果圆环的内径和外径相等，则绘制的是一个普通圆，如图 3-27 所示。
如果圆环的内径为 0，则绘制的是一个实心圆，如图 3-28 所示。

图 3-26　绘制圆环

图 3-27　普通圆

图 3-28　实心圆

3.18　多段线

多段线，就是通常说的多义线，是由多条线段或圆弧组合而成。

【例 3-36】　绘制图 3-29 所示的箭头。

命令:PL ↵　　　　　　　　//Pline 命令的缩写
指定起点:0,0 ↵
指定下一点或[圆弧(A)/闭合(C)/半宽(H)/长度(L)/放弃(U)/宽度(W)]:W ↵
指定起点宽度<0.0000>:2 ↵
指定端点宽度<2.0000>: ↵
指定下一点或[圆弧(A)/闭合(C)/半宽(H)/长度(L)/放弃(U)/宽度(W)]:@10,0 ↵
指定下一点或[圆弧(A)/闭合(C)/半宽(H)/长度(L)/放弃(U)/宽度(W)]:W ↵
指定起点宽度<2.0000>:6 ↵
指定端点宽度<6.0000>:0 ↵
指定下一点或[圆弧(A)/闭合(C)/半宽(H)/长度(L)/放弃(U)/宽度(W)]:@10,0 ↵
指定下一点或[圆弧(A)/闭合(C)/半宽(H)/长度(L)/放弃(U)/宽度(W)]: ↵

图 3-29　绘制箭头

<提示>

在命令栏中输入"EXPLODE"命令，可以将多段线分解成简单的线条。

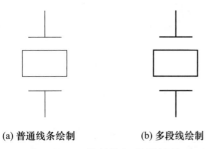
(a) 普通线条绘制　　　(b) 多段线绘制
图 3-30　石英晶体振荡器符号

【例 3-37】　先用普通线条绘制图 3-30（a）所示的石英晶体振荡器符号，再用编辑多段线的方式加宽线条的宽度，效果如图 3-30（b）所示。

命令:L ↵
指定第一个点:0,0 ↵
指定下一点或[放弃(U)]:0,14 ↵
指定下一点或[退出(E)/放弃(U)]: ↵
命令: ↵

指定第一个点:-8.5,14↙
指定下一点或[放弃(U)]:8.5,14↙
指定下一点或[退出(E)/放弃(U)]:↙
命令:↙
指定第一个点:0,57↙
指定下一点或[放弃(U)]:0,43↙
指定下一点或[退出(E)/放弃(U)]:↙
命令:↙
指定第一个点:-8.5,43↙
指定下一点或[放弃(U)]:8.5,43↙
指定下一点或[退出(E)/放弃(U)]:↙
命令:RECTANG↙
指定第一个角点或[倒角(C)/标高(E)/圆角(F)/厚度(T)/宽度(W)]:-12.5,36↙
指定另一个角点或[面积(A)/尺寸(D)/旋转(R)]:12.5,22↙

命令:EXPLODE↙   //先将矩形分解
选择对象:选取矩形
选择对象:↙

命令:PEDIT↙   //将普通线条编辑成多段线
选择多段线或[多条(M)]:选择矩形上边的水平线
选定的对象不是多段线,是否将其转换为多段线?＜Y＞Y↙
输入选项[闭合(C)/合并(J)/宽度(W)/编辑顶点(E)/拟合(F)/样条曲线(S)/非曲线化(D)/线型生成(L)/反转(R)/放弃(U)]:W↙
指定所有线段的新宽度:1↙   //所选择的水平线变宽
输入选项[闭合(C)/合并(J)/宽度(W)/编辑顶点(E)/拟合(F)/样条曲线(S)/非曲线化(D)/线型生成(L)/反转(R)/放弃(U)]:J↙
选择对象:选择矩形的另外三条边线
选择对象:↙   //所选择的矩形边线变宽
↙
选择多段线或[多条(M)]:选择最上边的竖直线
选定的对象不是多段线,是否将其转换为多段线?＜Y＞Y↙
输入选项[闭合(C)/合并(J)/宽度(W)/编辑顶点(E)/拟合(F)/样条曲线(S)/非曲线化(D)/线型生成(L)/反转(R)/放弃(U)]:W↙
指定所有线段的新宽度:1↙   //所选择的竖直线变宽
↙
选择多段线或[多条(M)]:选择最上边的水平线
选定的对象不是多段线,是否将其转换为多段线?＜Y＞Y↙
输入选项[闭合(C)/合并(J)/宽度(W)/编辑顶点(E)/拟合(F)/样条曲线(S)/非曲线化(D)/线型生成(L)/反转(R)/放弃(U)]:W↙

指定所有线段的新宽度:1↙　　　　　　　　　　//所选择的水平线变宽

采用相同的方法，编辑另外两条直线。

<提示>
可以用 EXPLODE 将多段线进行分解。

【例 3-38】　用编辑多段线命令，将图 3-2 中二极管符号的 AB 线条的宽度变为 0.125mm，其余线条的宽度为 0.25mm，如图 3-31 所示。

　　命令:PEDIT ↙　　　　　　　　　　　//将普通线条编辑成多段线
　　选择多段线或[多条(M)]:选择直线 AB
　　选定的对象不是多段线,是否将其转换为多段线？<Y>Y ↙
　　输入选项[闭合(C)/合并(J)/宽度(W)/编辑顶点(E)/拟合(F)/样条曲线(S)/非曲线化(D)/线型生成(L)/反转(R)/放弃(U)]:W ↙
　　指定所有线段的新宽度:0.125 ↙
　　命令:PEDIT ↙　　　　　　　　　　　//将普通线条编辑成多段线
　　选择多段线或[多条(M)]:选择直线 CD
　　选定的对象不是多段线,是否将其转换为多段线？<Y>Y ↙
　　输入选项[闭合(C)/合并(J)/宽度(W)/编辑顶点(E)/拟合(F)/样条曲线(S)/非曲线化(D)/线型生成(L)/反转(R)/放弃(U)]:W ↙
　　指定所有线段的新宽度:0.25 ↙
　　输入选项[闭合(C)/合并(J)/宽度(W)/编辑顶点(E)/拟合(F)/样条曲线(S)/非曲线化(D)/线型生成(L)/反转(R)/放弃(U)]:J ↙
　　选择对象:选择 OC
　　选择对象:选择 OD
　　选择对象:↙
　　输入选项[闭合(C)/合并(J)/宽度(W)/编辑顶点(E)/拟合(F)/样条曲线(S)/非曲线化(D)/线型生成(L)/反转(R)/放弃(U)]:↙

采用相同的方法，将竖直线编辑成多段线，线宽为 0.25mm，编辑后二极管符号如图 3-31 所示。

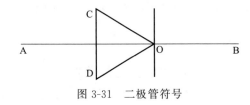

图 3-31　二极管符号

<提示>
可以用 EXPLODE 将多段线进行分解。

3.19　重新生成

用 AutoCAD 打开一份图纸，有时圆弧或者椭圆显示为多边形，如图 3-32（a）所示，此时在命令栏输入 regen，即可显示为圆形，如图 3-32（b）所示。

又比如，在圆的内部绘制若干点，滚动鼠标的滚轮，放大图形后，点的形状也较大，如图 3-33（a）所示。此时在命令栏输入 regen，即可正常显示点的大小，如图 3-33（b）所示。

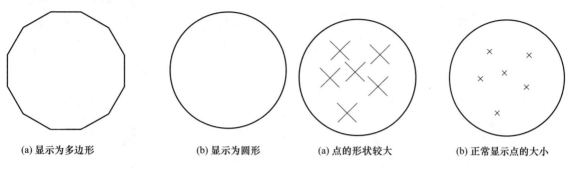

(a) 显示为多边形　　　　(b) 显示为圆形　　　　(a) 点的形状较大　　　　(b) 正常显示点的大小

图 3-32　圆形恢复正常显示　　　　　　　图 3-33　点的形状恢复正常显示

3.20　平移

使用平移视图命令，可以重新定位图形，以便看清图形的其他部分。此时不会改变图形中对象的位置或比例，只改变视图。

3.20.1　"平移"菜单

在菜单栏中选择"视图（V）"→"平移（P）"命令中的子命令，如图 3-34 所示。单击"标准"工具栏中的"实时平移"按钮，或在命令栏直接输入 PAN 命令，都可以平移视图。使用平移命令平移视图时，视图的显示比例不变。除了可以上、下、左、右平移视图外，还可以使用"实时"和"点"命令平移视图。

3.20.2　实时平移

选择"视图（V）"→"平移（P）"→"实时"命令，此时光标指针变成一只小手，按住鼠标左键拖动，窗口内的图形就可按光标移动的方向移动。释放鼠标，可返回到平移等待状态。按 Esc 键或 Enter 键退出实时平移模式。也可以在命令栏中输入平移命令。

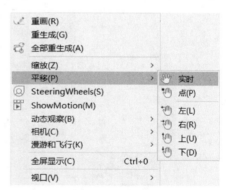

图 3-34　"平移"菜单

【例 3-39】　将图 3-35 所示的屏幕右边的图形平移到屏幕中间。
命令：ZOOM↙
[全部(A)/中心(C)/动态(D)/范围(E)/上一个(P)/比例(S)/窗口(W)/对象(O)]<实时>：↙

再在屏幕的空白处单击鼠标右键，在快捷菜单中选择"平移"，如图 3-36 所示。
此时光标指针变成一只小手，按住鼠标左键拖动，平移后的效果如图 3-37 所示。

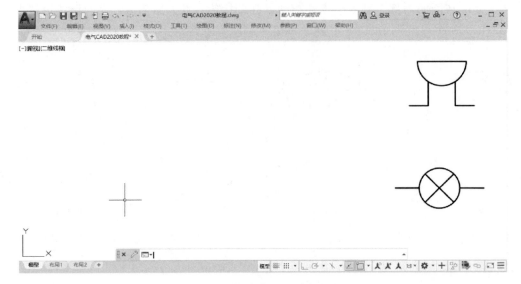

图 3-35　平移前，图形在右边

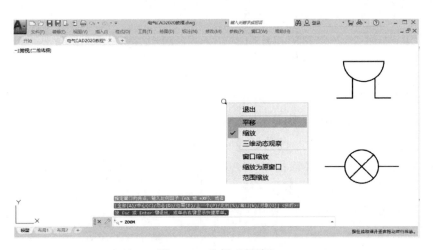

图 3-36　选择"平移"

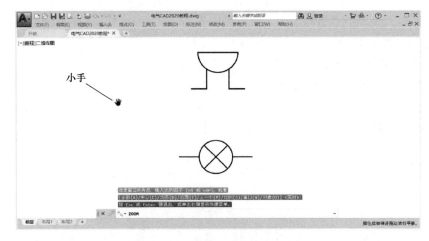

图 3-37　平移后，图形平移至中间

3.21 实时缩放视图

在 AutoCAD 中，可以通过缩放视图来观察图形对象。缩放视图可以增加或减少图形对象的屏幕显示尺寸，但对象的真实尺寸保持不变。通过改变显示区域和图形对象的大小可以更准确、更详细地绘图。

3.21.1 "缩放"菜单和"缩放"工具栏

在菜单栏中选择"视图"→"缩放"命令（ZOOM）中的子命令，如图 3-38 所示，或使用"缩放"工具栏，如图 3-39 所示，可以缩放视图。

通常，在绘制图形的局部细节时，需要使用缩放工具放大该绘图区域，当绘制完成后，再使用缩放工具缩小图形来观察图形的整体效果。常用的缩放命令或工具有"实时""窗口""动态"和"中心点"。

3.21.2 实时缩放视图

选择"视图"→"缩放"→"实时"命令，或在"标准"工具栏中单击"实时缩放"按钮，进入实时缩放模式，鼠标指针呈放大镜形状。此时向上拖动光标可放大整个图形；向下拖动光标可缩小整个图形；释放鼠标后停止缩放。

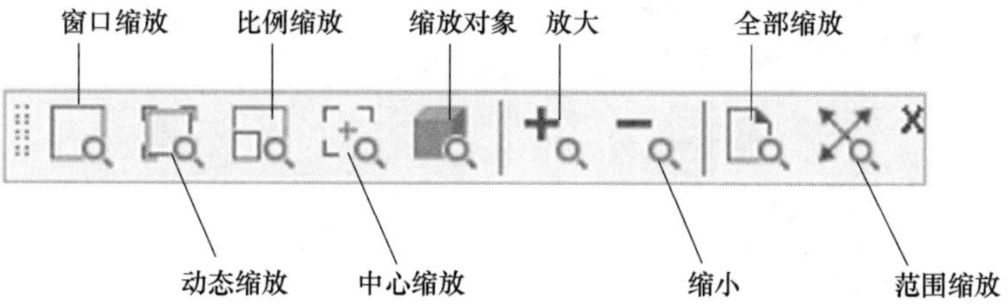

图 3-38 "缩放"命令（ZOOM）中的子命令

图 3-39 "缩放"工具栏

3.21.3 窗口缩放视图

选择"视图"→"缩放"→"窗口"命令，可以在屏幕上拾取两个对角点以确定一个矩形窗口，之后系统将矩形范围内的图形放大至整个屏幕。

在使用窗口缩放时，如果系统变量 REGENAUTO 设置为关闭状态，则与当前显示设置的界线相比，拾取区域显得过小。系统提示将重新生成图形，并询问是否继续下去，此时应回答 No，并重新选择较大的窗口区域。

3.21.4 动态缩放视图

选择"视图"→"缩放"→"动态"命令，可以动态缩放视图。当进入动态缩放模式时，在屏幕中将显示一个带"×"的矩形方框。单击鼠标左键，此时选择窗口中心的"×"消失，显示一个位于右边框的方向箭头,拖动鼠标可改变选择窗口的大小,以确定选择区域大小,最后按下 Enter 键,即可缩放图形。

项目实战

1. 绘制蜂鸣器

绘制蜂鸣器,如图 3-40 所示。

图 3-40　蜂鸣器

命令:C↙
指定圆的圆心或[三点(3P)/两点(2P)/切点、切点、半径(T)]:60,60
指定圆的半径或[直径(D)]<0.0000>:20↙

命令:L↙
指定第一个点:30,60↙
指定下一点或[放弃(U)]:90,60↙
指定下一点或[退出(E)/放弃(U)]:↙

命令:L↙
指定第一个点:33,22↙
指定下一点或[放弃(U)]:87,22↙
指定下一点或[退出(E)/放弃(U)]:↙

命令:L↙
指定第一个点:49,18↙
指定下一点或[放弃(U)]:49,60↙
指定下一点或[退出(E)/放弃(U)]:↙

命令:L↙
指定第一个点:49,18↙
指定下一点或[放弃(U)]:49,60↙
指定下一点或[退出(E)/放弃(U)]:↙

经过上述操作之后,所绘制的图形如图 3-41 所示。

命令:Trim↙
选择对象或<全部选择>:用框选方法选取全部图素　　　　//用框选方法选取全部图素
选择对象:↙
选择要修剪的对象或按住 Shift 键选择要延伸的对象,或者[栏选(F)/窗交(C)/投影(P)/边(E)/删除(R)]:选取不需要保留的图素　　　　//选取不需要保留的图素

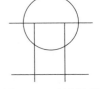

图 3-41　过渡图形

经过上述操作之后,所绘制的图形如图 3-40 所示。

2. 绘制信号灯

绘制信号灯,如图 3-42 所示。

图 3-42　信号灯

命令:C↙
指定圆的圆心或[三点(3P)/两点(2P)/切点、切点、半径(T)]:50,50↙

指定圆的半径或[直径(D)]<0.0000>:18↙
命令:L↙
指定第一个点:20,50↙
指定下一点或[放弃(U)]:80,50↙
指定下一点或[退出(E)/放弃(U)]:↙
命令:L↙
指定第一个点:50,20↙
指定下一点或[放弃(U)]:50,80↙
指定下一点或[退出(E)/放弃(U)]:↙
经过上述操作之后,所绘制的图形如图3-43所示。

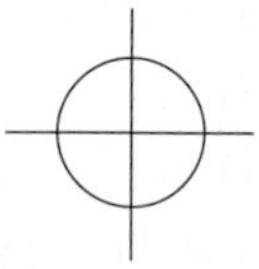

图3-43 过渡图形

命令:Rotate↙
选择对象或<全部选择>:用框选方法选取全部图素
选择对象:↙
指定基点:选取两条直线的交点
指定旋转角度,或[复制(C)/参照(R)]<0>:45↙
将上述图形旋转之后,所绘制的图形如图3-44所示。
命令:L↙
指定第一个点:50,10↙
指定下一点或[放弃(U)]:50,90↙
指定下一点或[退出(E)/放弃(U)]:↙

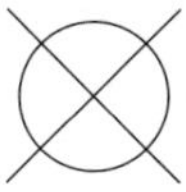

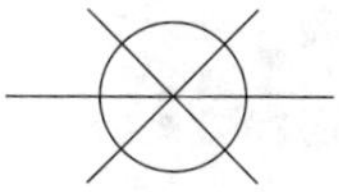

图3-44 将图形旋转45°

经过上述操作之后,所绘制的图形如图3-45所示。
命令:Trim↙
选择对象或<全部选择>:用框选方法选取全部图素   //用框选方法选取全部图素
选择对象:↙
选择要修剪的对象或按住Shift键选择要延伸的对象,或者[栏选(F)/窗交(C)/投影(P)/边(E)/删除(R)]:选取不需要保留的图素   //选取不需要保留的图素
经过上述操作之后,所绘制的图形如图3-42所示。

图3-45 绘制水平线

3. 绘制电铃

绘制电铃,如图3-46所示。

图3-46 电铃

命令:C↙
指定圆的圆心或[三点(3P)/两点(2P)/切点、切点、半径(T)]:55,55↙
指定圆的半径或[直径(D)]<0.0000>:30↙
命令:L↙
指定第一个点:10,55↙
指定下一点或[放弃(U)]:100,55↙
指定下一点或[退出(E)/放弃(U)]:↙
命令:L↙
指定第一个点:40,15↙
指定下一点或[放弃(U)]:40,55↙
指定下一点或[退出(E)/放弃(U)]:↙

命令:L↙
指定第一个点:70,15↙
指定下一点或[放弃(U)]:70,55↙
指定下一点或[退出(E)/放弃(U)]:↙

经过上述操作之后,所绘制的图形如图 3-47 所示。

图 3-47　过渡图形

命令:Trim↙
选择对象或＜全部选择＞:用框选方法选取全部图素　　//用框选方法选取全部图素
选择对象:↙
选择要修剪的对象或按住 Shift 键选择要延伸的对象,或者[栏选(F)/窗交(C)/投影(P)/边(E)/删除(R)]:选取不需要保留的图素　　　　//选取不需要保留的图素

经过上述操作之后,所绘制的图形如图 3-46 所示。

巩固练习

1. 绘制图 3-48 所示电流互感器。

电流互感器

图 3-48　电流互感器

2. 绘制图 3-49 所示发光二极管。

发光二极管

图 3-49　发光二极管

第4章 基本编辑指令

> **学习导引**
>
> 本章学习 AutoCAD 2020 绘图的基本编辑指令，掌握镜像、偏移、移动、旋转、对齐、复制、倒角、圆角和打断对象等命令的使用方法。

4.1 删除

在 AutoCAD 中，使用"删除"命令，删除选中的对象。在菜单栏中选择"修改(M)"→"删除(E)"命令，或在"修改"工具栏中单击"删除"按钮，都可以删除图形中选中的对象。

4.2 复制

在 AutoCAD 中，使用"复制"命令，创建与原有对象相同的图形。在菜单栏中选择"修改(M)"→"复制(Y)"命令，或单击"修改"工具栏中的"复制"按钮，即可复制已被选择的对象，并放置到指定的位置。执行该命令时，首先需要选择对象，然后指定位移的基点。在"指定第二个点或［退出(E)/放弃(U)］＜退出＞:"提示下，连续指定第二个点来复制该对象，直到按 Enter 键结束。

【例 4-1】 一条线段和两个圆，如图 4-1 所示，将圆复制到线段的两个端点处，如图 4-2 所示。

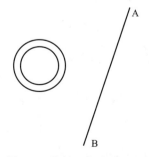

图 4-1 绘制一条直线和圆

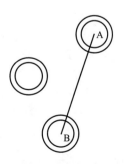

图 4-2 复制圆

命令:CO↙　　　　　　　　　　　　　　　　//Copy 的缩写
选择对象:选择圆
选择对象:↙
指定基点或[位移(D)/模式(O)]<位移>:选择圆心
指定第二个点或[阵列(A)]<使用第一个点作为位移>:选择端点 A
指定第二个点或[阵列(A)/退出(E)/放弃(U)]<退出>:选择端点 B
指定第二个点或[阵列(A)/退出(E)/放弃(U)]<退出>:↙

4.3　移动

选择"修改(M)"→"移动(V)"命令,或在"修改"工具栏中单击"移动"按钮,在新位置生成新的对象,方向和大小不改变,同时删除原来位置的对象。移动对象时,先选择要移动的对象,然后指定移动前的基准点,最后指定移动后的基准点,即可以实现移动操作。

图 4-3　移动圆

【例 4-2】　在图 4-1 中,以圆心为基准点,将圆移到线段的端点 A 处,如图 4-3 所示。

命令:M↙　　　　　　　　　　　　　　　　//Move 的缩写
选择对象:选择圆
选择对象:↙
指定基点或[位移(D)]<位移>:选择圆心
指定第二个点或<使用第一个点作为位移>:选择端点 A

4.4　镜像

在 AutoCAD 中,可以使用"镜像"命令,将现有的对象沿对称线复制。执行镜像命令时,先选择要镜像的对象,然后选择镜像线上的两点,命令栏将显示"删除源对象吗?[是(Y)/否(N)]<N>:"提示信息。如果直接按 Enter 键,则镜像复制对象,并保留源对象;如果输入 Y,则在镜像复制对象的同时删除源对象。

【例 4-3】　在图 4-4 中,沿直线 AB 镜像圆。

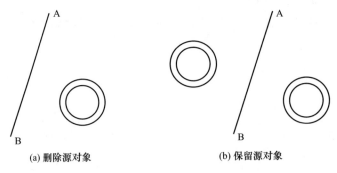

(a) 删除源对象　　　　　　(b) 保留源对象

图 4-4　镜像图像

命令:MIR↙　　　　　　　　　　　　　　　　//Mirror 的缩写

选择对象:选择圆

选择对象:↙

指定镜像线的第一点:选择对称线上的点 A

指定镜像线的第二点:选择对称线上的点 B

要删除源对象吗?[是(Y)/否(N)]<否>:N↙

【例 4-4】 要求将"电气CAD"沿直线镜像,并且文字的方向也改变,如图 4-5(a)所示。

命令:MIRRTEXT↙

输入 MIRRTEXT 的新值<0>:1↙

命令:MIR↙   //Mirror 的缩写

选择对象:选择"电气CAD"文本

选择对象:↙

指定镜像线的第一点:选择对称线上的第一个点

指定镜像线的第二点:选择对称线上的第二个点

要删除源对象吗?[是(Y)/否(N)]<否>:N

执行效果如图 4-5(a)所示。

如果要求在镜像时,文本方向不改变,请先在命令栏中执行以下操作。

命令:MIRRTEXT↙

输入 MIRRTEXT 的新值<1>:0↙

再重新镜像文本,则文本的方向不改变,如图 4-5(b)所示。

(a) 文本方向改变 (b) 文本方向不改变

图 4-5 镜像文本

4.5 偏移

在 AutoCAD 中,使用"偏移"命令,对指定的直线创建平行线,或者对圆弧、圆或曲线等对象作同心偏移复制。

【例 4-5】 先绘制一条直线和一个圆,如图 4-6 所示,然后创建一条平行线,要求与直线的距离为 5mm,再创建一个同心圆,向内偏移 3mm。

命令:OFF↙   //Offset 的缩写

指定偏移距离或[通过(T)/删除(E)/图层(L)]<通过>:5↙

选择要偏移的对象,或[退出(E)/放弃(U)]<退出>:选择直线

指定要偏移的那一侧上的点,或[退出(E)/多个(M)/放弃(U)]<退出>:单击直线右边的任意点

选择要偏移的对象,或[退出(E)/放弃(U)]<退出>:↙
↙

指定偏移距离或[通过(T)/删除(E)/图层(L)]<5.0000>:3↙
选择要偏移的对象,或[退出(E)/放弃(U)]<退出>:选择圆
指定要偏移的那一侧上的点,或[退出(E)/多个(M)/放弃(U)]<退出>:单击圆内任意点
选择要偏移的对象,或[退出(E)/放弃(U)]<退出>:↙

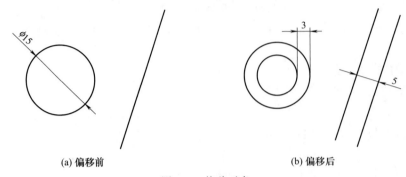

(a) 偏移前　　　　　　　　　　(b) 偏移后

图 4-6　偏移对象

4.6　阵列

在 AutoCAD 中,可以通过"阵列"命令多重复制对象。选择"修改(D)"→"阵列"命令,或在"修改"工具栏中单击"阵列"按钮,都可以图素进行阵列。分为矩形阵列、路径阵列或极轴阵列等,下面分别举例说明这三种阵列。

4.6.1　矩形阵列

矩形阵列就是按一定的位移和数量在横向和纵向同时进行多次复制所形成的图形。

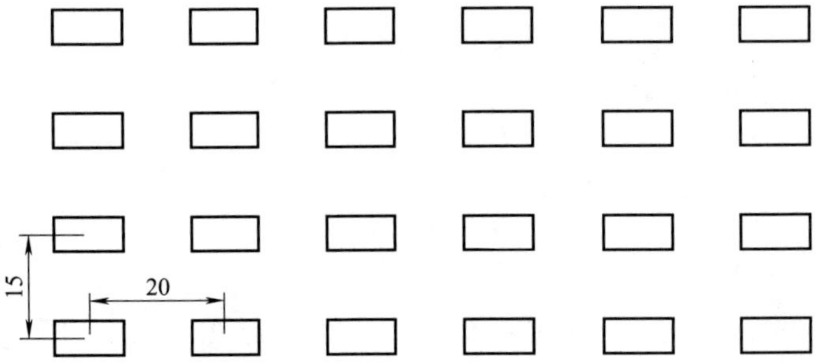

【例 4-6】　先绘制一个 10mm×5mm 的矩形,然后对该矩形进行矩形阵列,6 列 4 行,列间距为 20mm,行间距为 15mm,如图 4-7 所示。

命令:Array↙
选择对象:选择矩形
选择对象:↙
输入阵列类型[矩形(R)/路径(PA)/极轴(PO)]<矩形>:R↙
选择夹点以编辑阵列或[关联(AS)/基点(B)/计数(COU)/间距(S)/列数(COL)/行数(R)/层数(L)/退出(X)]<退出>:COL↙
输入列数或[表达式(E)]<1>:6↙
指定列数之间的距离或[总计(T)/表达式(E)]<22.5>:20↙
选择夹点以编辑阵列或[关联(AS)/基点(B)/计数(COU)/间距(S)/列数(COL)/行数(R)/层数(L)/退出(X)]<退出>:R↙
输入行数或[表达式(E)]<1>:4↙

图 4-7　矩形阵列

指定行数之间的距离或[总计(T)/表达式(E)]<22.5>:15↙
指定行数之间的标高增量或[表达式(E)]<0>:↙
选择夹点以编辑阵列或[关联(AS)/基点(B)/计数(COU)/间距(S)/列数(COL)/行数(R)/层数(L)/退出(X)]<退出>:↙

此时,阵列的成员是一个整体,可以用EXPLODE将其分解成个体。
命令:X↙   //Explode的缩写
选择对象:选择阵列
选择对象:↙

4.6.2 极轴阵列

极轴阵列是以一个指定点为圆心,在圆周上均布地按一定的角度和数量同时进行多次复制所形成的图形。

【例4-7】 先以(25,15)和(35,12.5)为顶点绘制一个矩形,然后以(50,25)为中心对该矩形进行极轴阵列,项目总数为12个,阵列对象旋转,如图4-8所示。

命令:ARRAY↙
选择对象:选择矩形
选择对象:↙
输入阵列类型[矩形(R)/路径(PA)/极轴(PO)]<矩形>:PO↙
指定阵列的中心点或[基点(B)/旋转轴(A)]:50,25↙

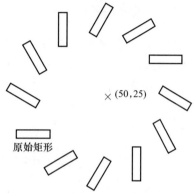

图4-8 极轴阵列(阵列对象旋转)

选择夹点以编辑阵列或[关联(AS)/基点(B)/项目(I)/项目间角度(A)/填充角度(F)/行(ROW)/层(L)/旋转项目(ROT)/退出(X)]<退出>:I↙
输入阵列中的项目数或[表达式(E)]<6>:12↙
选择夹点以编辑阵列或[关联(AS)/基点(B)/项目(I)/项目间角度(A)/填充角度(F)/行(ROW)/层(L)/旋转项目(ROT)/退出(X)]<退出>:F↙
指定填充角度(+=逆时针、-=顺时针)或[表达式(EX)]<360>:360↙
选择夹点以编辑阵列或[关联(AS)/基点(B)/项目(I)/项目间角度(A)/填充角度(F)/行(ROW)/层(L)/旋转项目(ROT)/退出(X)]<退出>:↙

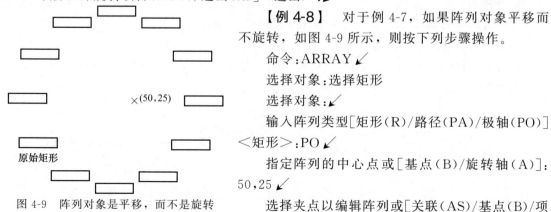

图4-9 阵列对象是平移,而不是旋转

【例4-8】 对于例4-7,如果阵列对象平移而不旋转,如图4-9所示,则按下列步骤操作。

命令:ARRAY↙
选择对象:选择矩形
选择对象:↙
输入阵列类型[矩形(R)/路径(PA)/极轴(PO)]<矩形>:PO↙
指定阵列的中心点或[基点(B)/旋转轴(A)]:50,25↙
选择夹点以编辑阵列或[关联(AS)/基点(B)/项

目(I)/项目间角度(A)/填充角度(F)/行(ROW)/层(L)/旋转项目(ROT)/退出(X)]<退出>:I↙

输入阵列中的项目数或[表达式(E)]<6>:12↙

选择夹点以编辑阵列或[关联(AS)/基点(B)/项目(I)/项目间角度(A)/填充角度(F)/行(ROW)/层(L)/旋转项目(ROT)/退出(X)]<退出>:F↙

指定填充角度(+=逆时针、-=顺时针)或[表达式(EX)]<360>:360↙

选择夹点以编辑阵列或[关联(AS)/基点(B)/项目(I)/项目间角度(A)/填充角度(F)/行(ROW)/层(L)/旋转项目(ROT)/退出(X)]<退出>:ROT↙

是否旋转阵列项目？[是(Y)/否(N)]<是>:N↙

选择夹点以编辑阵列或[关联(AS)/基点(B)/项目(I)/项目间角度(A)/填充角度(F)/行(ROW)/层(L)/旋转项目(ROT)/退出(X)]<退出>:↙

4.6.3 路径阵列

路径阵列是指沿一条曲线（直线或圆弧或其他曲线）均布地进行复制所形成的图形，阵列成员的最大数量由成员之间的距离决定。

【例 4-9】 绘制一个六边形及两条圆弧，如图 4-10 所示，然后用 PEDIT 命令将两条圆弧编辑成多段线，并对该六边形沿多段线进行路径阵列，阵列成员之间的距离为 10mm，效果如图 4-11 所示。

图 4-10　绘制一个圆及一条圆弧

命令:ARRAY↙
选择对象:选择圆形
选择对象:↙
输入阵列类型[矩形(R)/路径(PA)/极轴(PO)]<极轴>:PA↙
选择路径曲线:选择圆弧
选择夹点以编辑阵列或[关联(AS)/方法(M)/基点(B)/切向(T)/项目(I)/行(R)/层(L)/对齐项目(A)/Z方向(Z)/退出(X)]<退出>:I↙
指定沿路径的项目之间的距离或[表达式(E)]<8.2698>:10↙
指定项目数或[填写完整路径(F)/表达式(E)]<8>:↙
选择夹点以编辑阵列或[关联(AS)/方法(M)/基点(B)/切向(T)/项目(I)/行(R)/层(L)/对齐项目(A)/z方向(Z)/退出(X)]<退出>:↙

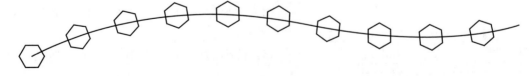

图 4-11　沿路径阵列

4.7 旋转

选择"修改（M）"→"旋转（R）"命令，或在"修改"工具栏中单击"修改"按钮，可以将对象绕基点旋转指定角度。AutoCAD 约定逆时针旋转的角度为正，顺时针旋转的角度为负；如果选择"参照（R）"选项，将以参照方式旋转对象，需要依次指定参照方向的角度值和相对于参照方向的角度值。

【例 4-10】 在图 4-12（a）中，要求五边形绕 O 点旋转 45°，并删除源图像，效果如图 4-12（b）。

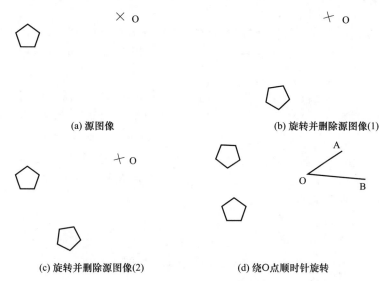

(a) 源图像　　　　　　　　　　(b) 旋转并删除源图像(1)

(c) 旋转并删除源图像(2)　　　　(d) 绕O点顺时针旋转

图 4-12　旋转对象

命令:RO↙　　　　　　　　//Rotate 的缩写
选择对象:选择五边形
选择对象:↙
指定基点:选择 O 点
指定旋转角度,或[复制(C)/参照(R)]<0>:45↙

【例 4-11】 在图 4-12（a）中，要求五边形绕 O 点旋转 45°，并保留源图像，效果如图 4-12（c）。

命令:RO↙
选择对象:选择五边形
选择对象:↙
指定基点:选择 O 点
指定旋转角度,或[复制(C)/参照(R)]<0>:C↙
指定旋转角度,或[复制(C)/参照(R)]<0>:45↙

【例 4-12】 在图 4-12（a）中，要求五边形绕 O 点顺时针旋转，旋转的角度等于∠AOB 的大小，并保留源图像，效果如图 4-12（d）。

命令:RO↙

选择对象:选择五边形
选择对象:✓
指定基点:选择 O 点
指定旋转角度,或[复制(C)/参照(R)]<0>:C✓
指定旋转角度,或[复制(C)/参照(R)]<0>:R✓
指定参照角<34>:先选择 O 点,再选择 B 点,然后选择 A 点
执行效果如图 4-12 (d) 所示。

4.8 对齐

在菜单栏中选择"修改(M)"→"三维操作(3)"→"对齐(L)"命令,可以使当前对象与其他对象对齐,它既适用于二维对象,也适用于三维对象。

【例 4-13】 任意绘制一个正五边形和正六边形,如图 4-13 所示,要求正五边形保持不动,移动正六边形,使正六边形的 B_1B_2 与正五边形的 A_1A_2 对齐。

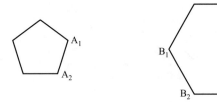

图 4-13 任意绘制一个正五边形和正六边形

在命令栏中选择"修改(M)"→"三维操作(3)"→"对齐(L)"命令
选择对象:选择正六边形
选择对象:✓
指定第一个源点:选择正六边形的第一个顶点 B_1(如图 4-14 所示)
指定第一个目标点:选择五边形的第一个顶点 A_1
指定第二个源点:选择正六边形的第二个顶点 B_2
指定第二个目标点:选择五边形的第二个顶点 A_2
指定第三个源点或<继续>:✓
是否基于对齐点缩放对象?[是(Y)/否(N)]<否>:✓
执行效果如图 4-15 所示。

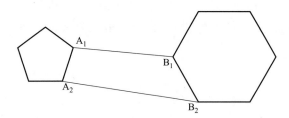

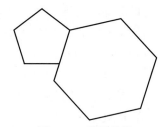

图 4-14 选择 B_1 与 A_1 对齐,B_2 与 A_2 对齐　　　图 4-15 执行效果

命令栏显示"是否基于对齐点缩放对象?[是(Y)/否(N)]<否>:"提示信息时,如果回答"Y",即:
是否基于对齐点缩放对象?[是(Y)/否(N)]<否>:Y✓
执行后,正六边形进行缩放,正六边形的边长与正五边形的边长相同,如图 4-16 所示。

【例 4-14】 先用多段线绘制二极管符号,如图 4-17 (a) 所示,再绘制桥式整流二极

管符号，如图 4-17（b）所示。

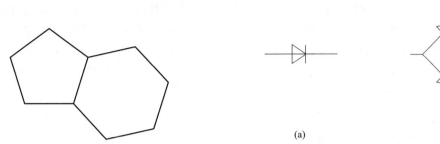

图 4-16　正六边形的边长与
正五边形的边长相同

图 4-17　绘制整流二极管符号

第一步：先按图 3-2 和图 3-31 的步骤绘制二极管符号。
第二步：绘制一个矩形，矩形的边长尺寸为任意值，如图 4-18（a）所示。
第三步：再将矩形旋转 45°，并在 4 个角上引出 4 条短线，如图 4-18（b）所示。
第四步：在命令栏中选择"修改（M）"→"三维操作（3）"→"对齐（L）"命令
选择对象：选择二极管符号
选择对象：↙
指定第一个源点：选择二极管符号的第一个顶点 B_1，如图 4-18（c）所示。
指定第一个目标点：选择矩形的第一个顶点 A_1
指定第二个源点：选择二极管符号的第二个顶点 B_2
指定第二个目标点：选择矩形的第二个顶点 A_2
指定第三个源点或＜继续＞：↙
是否基于对齐点缩放对象？［是(Y)/否(N)］＜否＞：↙
最后执行"对齐"命令，将二极管的符号与矩形的边线对齐，如图 4-18（c）所示。
第五步：效果如图 4-17（b）所示。

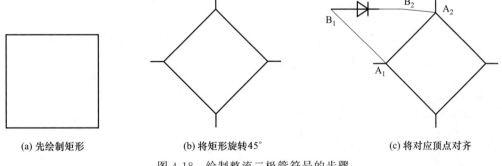

(a) 先绘制矩形　　　　　(b) 将矩形旋转45°　　　　　(c) 将对应顶点对齐

图 4-18　绘制整流二极管符号的步骤

4.9　修剪

在 AutoCAD 中，可以使用"修剪"命令编辑对象。选择"修改（M）"→"修剪（T）"命令，或在"修改"工具栏中单击"修剪"按钮，可以以某一对象为剪切边界修剪其他对象。

在 AutoCAD 中，直线、圆弧、圆、椭圆或椭圆弧、多段线、样条曲线、构造线、射线以及文字等都可以作为剪切边界的对象。默认情况下，系统将以剪切边为界，将被剪切对象上位于拾取点一侧的部分剪切掉。如果按下 Shift 键，同时选择与修剪边不相交的对象，修剪边将变为延伸边界，将选择的对象延伸至与修剪边界相交。

【例 4-15】 直线 AB 与 CD 相交于点 O，如图 4-19（a）所示，要求以 AB 为修剪边界，剪去 OD，保留 CO，如图 4-19（b）所示。

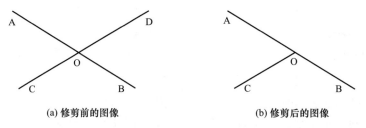

(a) 修剪前的图像　　　　　　　　(b) 修剪后的图像

图 4-19 修剪对象

命令:TR↙　　　　　　　　　　　　　　　//Trim 的缩写
选择对象或＜全部选择＞:选择 AB
选择对象:↙
选择要修剪的对象或按住 Shift 键选择要延伸的对象,或者[栏选(F)/窗交(C)/投影(P)/边(E)/删除(R)]:选择 OD
选择要修剪的对象,或按住 Shift 键选择要延伸的对象,或[栏选(F)/窗交(C)/投影(P)/边(E)/删除(R)/放弃(U)]:↙

【例 4-16】 圆弧 AB 与 CD 不相交，也不平行，如图 4-20（a）所示，要求用 Trim 命令，使 AB 与 CD 相交，如图 4-20（b）所示。

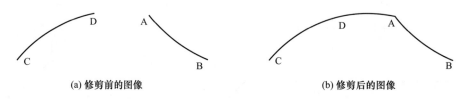

(a) 修剪前的图像　　　　　　　　(b) 修剪后的图像

图 4-20 用 Trim 命令，使 AB 与 CD 相交

命令:TR↙　　　　　　　　　　　　　　　//Trim 的缩写
选择对象或＜全部选择＞:选择 AB
选择对象或＜全部选择＞:选择 CD
选择对象:↙
选择要修剪的对象或按住 Shift 键选择要延伸的对象,或者[栏选(F)/窗交(C)/投影(P)/边(E)/删除(R)]:按住 Shift 键选择 AB
选择要修剪的对象或按住 Shift 键选择要延伸的对象,或者[栏选(F)/窗交(C)/投影(P)/边(E)/删除(R)]:按住 Shift 键选择 CD
选择要修剪的对象,或按住 Shift 键选择要延伸的对象,或[栏选(F)/窗交(C)/投影(P)/边(E)/删除(R)/放弃(U)]:↙

4.10 延伸

在 AutoCAD 中，可以使用"延伸"命令拉长对象。选择"修改（M）"→"延伸（D）"命令，或在"修改"工具栏中单击"延伸"按钮，可以将指定的对象延长到与另一对象相交或延长线相交。

使用延伸命令时，如果在按下 Shift 键的同时选择对象，则执行修剪命令；使用修剪命令时，如果在按下 Shift 键的同时选择对象，则执行延伸命令。

【例 4-17】 圆弧 AB 与 CD 不相交，也不平行，如图 4-20（a）所示，要求用 Extend 命令，使 AB 与 CD 相交，如图 4-20（b）所示。

命令：EX↙   //Extend 的缩写
选择对象或＜全部选择＞：选择 AB
选择对象或＜全部选择＞：选择 CD
选择对象：↙
选择要修剪的对象或按住 Shift 键选择要延伸的对象，或者[栏选(F)/窗交(C)/投影(P)/边(E)/删除(R)]：选择 AB
选择要修剪的对象或按住 Shift 键选择要延伸的对象，或者[栏选(F)/窗交(C)/投影(P)/边(E)/删除(R)]：选择 CD
选择要修剪的对象，或按住 Shift 键选择要延伸的对象，或[栏选(F)/窗交(C)/投影(P)/边(E)/删除(R)/放弃(U)]：↙

4.11 缩放

在 AutoCAD 中，可以使用"缩放"命令按比例增大或缩小对象。选择"修改（M）"→"缩放（L）"命令（SCALE），或在"修改"工具栏中单击"缩放"按钮，可以将对象按指定的比例因子相对于基点进行尺寸缩放。

【例 4-18】 在图 4-21 中，以点 A 为基准点，将正五边形放大两倍。

命令：SC↙   //Scale 的缩写
选择对象：选择正五边形
选择对象：↙
指定基点：选择 A 点
指定比例因子或[复制(C)/参照(R)]：2↙

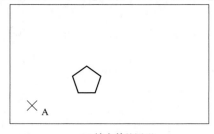 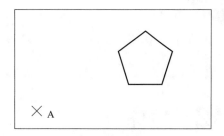

(a) 放大前的图形　　　　　　　　　　　　(b) 放大后的图形

图 4-21　以点 A 为基准点，将正五边形放大两倍

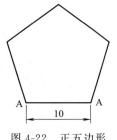

图 4-22 正五边形
的边长为 10mm

【例 4-19】 先绘制任意正五边形,再用 Scale 命令将正五边形的边长调整为 10mm,如图 4-22 所示。

命令:SC✓   //Scale 的缩写
选择对象:选择正五边形
选择对象:✓
指定基点:选择 A 点
指定比例因子或[复制(C)/参照(R)]:R✓
指定参照长度<1.0000>:先选择 A 点,再选择 B 点
指定新的长度或[点(P)]<1.0000>:10✓

【例 4-20】 任意绘制一个正五边形和一条竖直线 CD,如图 4-23(a)所示,以 A 点为基准,用 Scale 命令将正五边形的顶点 B 调整到直线 CD 上,正五边形的边长同比例缩放,并保留原来的正五边形,如图 4-23(b)所示。

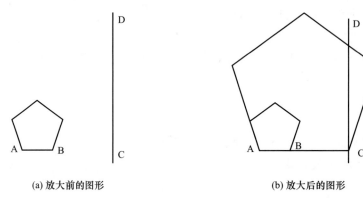

(a) 放大前的图形   (b) 放大后的图形

图 4-23 以点 A 为基准点,将顶点 B 调整到直线 CD 上

命令:SC✓   //Scale 的缩写
选择对象:选择正五边形
选择对象:✓
指定基点:选择 A 点
指定比例因子或[复制(C)/参照(R)]:C✓
指定比例因子或[复制(C)/参照(R)]:R✓
指定参照长度<1.0000>:先选择 A 点,再选择 B 点
指定新的长度或[点(P)]<1.0000>:打开正交模式后,选择直线 CD 上的任意点

<提示>

在 AutoCAD 中,Scale 只能等比例缩放,如果需要不等比例缩放,请参考第 12 章中的插入块命令。

4.12 拉伸

选择"修改(M)"→"拉伸(H)"命令,或在"修改"工具栏中单击"拉伸"按钮,就

可以移动或拉伸对象。执行该命令时,可以使用"交叉窗口"方式或者"交叉多边形"方式选择对象,然后依次指定位移基点和位移矢量,将会移动全部位于选择窗口之内的对象,而拉伸(或压缩)与选择窗口边界相交的对象。

【例 4-21】 在图 4-24 中,用 Stretch 命令,将线段 CD 和正五边形拉伸到 C_1D_1 处。

命令:Str✓   //Stretch 的缩写
选择对象:先在右下角单击 E 点,再在左上角单击 F 点(如图 4-25 所示)
选择对象:✓
指定基点:向右拖动鼠标即可
执行效果如图 4-24 中虚线所示。

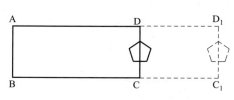
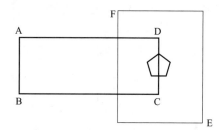

图 4-24 将线段 CD 和正五边形拉伸到 C_1D_1 处

图 4-25 先在右下角单击 E 点,再在左上角单击 F 点

<提示>

先在右下角单击 E 点,再在左上角单击 F 点,可以选择线段 AD、BC、CD 和正五边形,如果先单击 F 点,再单击 E 点,则只能选择线段 CD 和正五边形,而不能选择线段 AD 和 BC。

4.13 拉长

选择"修改(M)"→"拉长(G)"命令,或在"修改"工具栏中单击"拉长"按钮,即可修改线段或者圆弧的长度。

【例 4-22】 已知线段的长度为 24.41mm,如图 4-26(a)所示,请将线段的长度拉长为 30mm。

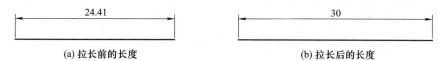

(a) 拉长前的长度   (b) 拉长后的长度

图 4-26 修改线段长度

命令:LEN✓   //Lengthen 的缩写
选择要测量的对象或[增量(DE)/百分比(P)/总计(T)/动态(DY)]<总计(T)>:选择线段
选择要测量的对象或[增量(DE)/百分比(P)/总计(T)/动态(DY)]<总计(T)>:✓
指定总长度或[角度(A)]<25.0000>:30✓

选择要修改的对象或[放弃(U)]:再次选择线段

选择要修改的对象或[放弃(U)]:✓

执行效果如图 4-26（b）所示。

4.14 倒角

选择"修改（M）"→"倒角（C）"命令，或在"修改"工具栏中单击"倒角"按钮，即可为对象绘制倒角。

【例 4-23】 先绘制一个矩形（30mm×15mm），如图 4-27（a）所示，再创建倒角（4.5mm×3mm），并进行修剪，如图 4-27（b）所示。

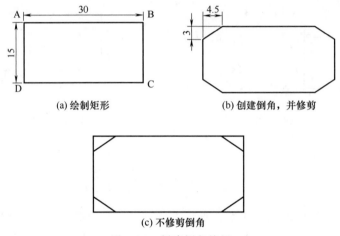

图 4-27 创建倒角特征

命令:Cha✓   //Chamfer 的缩写

("修剪"模式)当前倒角距离 1＝0.0000,距离 2＝0.0000

选择第一条直线或[放弃(U)/多段线(P)/距离(D)/角度(A)/修剪(T)/方式(E)/多个(M)]:T✓

输入修剪模式选项[修剪(T)/不修剪(N)]＜不修剪＞:T✓   //修剪

选择第一条直线或[放弃(U)/多段线(P)/距离(D)/角度(A)/修剪(T)/方式(E)/多个(M)]:D

指定第一个倒角距离＜0.0000＞:4.5✓

指定第二个倒角距离＜4.50000＞:3✓

选择第一条直线或[放弃(U)/多段线(P)/距离(D)/角度(A)/修剪(T)/方式(E)/多个(M)]:选择 AB

选择第二条直线,或按住 Shift 键选择直线以应用角点或[距离(D)/角度(A)/方法(M)]:选择 BC

✓

……

【例 4-24】 如果对例 4-23 中图 4-27（a）创建倒角但不修剪倒角，命令如下。

命令:Cha✓   //Chamfer 的缩写

("修剪"模式)当前倒角距离 1 = 0.0000,距离 2 = 0.0000
选择第一条直线或[放弃(U)/多段线(P)/距离(D)/角度(A)/修剪(T)/方式(E)/多个(M)]:T✓
输入修剪模式选项[修剪(T)/不修剪(N)]<不修剪>:N✓   //不修剪
选择第一条直线或[放弃(U)/多段线(P)/距离(D)/角度(A)/修剪(T)/方式(E)/多个(M)]:D
指定第一个倒角距离<0.0000>:4.5✓
指定第二个倒角距离<4.50000>:3✓
选择第一条直线或[放弃(U)/多段线(P)/距离(D)/角度(A)/修剪(T)/方式(E)/多个(M)]:选择 AB
选择第二条直线,或按住 Shift 键选择直线以应用角点或[距离(D)/角度(A)/方法(M)]:选择 BC
✓
……
执行效果如图 4-27(c)所示。

4.15 倒圆角

在 AutoCAD 中,可以使用"圆角"命令修改对象使其以圆角相接。选择"修改(M)"→"圆角(F)"命令,或在"修改"工具栏中单击"圆角"按钮,即可对对象用圆弧修圆角。修圆角的方法与修倒角的方法相似,在命令栏提示中,选择"半径(R)"选项,即可设置圆角的半径大小。

【例 4-25】 对图 4-27(a)所示的矩形倒圆角(R4.5mm)并修剪,如图 4-28(a)所示。

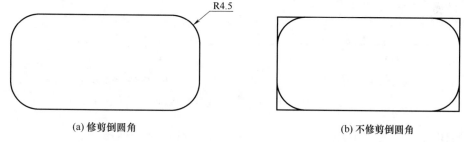

(a) 修剪倒圆角   (b) 不修剪倒圆角

图 4-28 创建圆角特征

命令:Fil✓   //Fillet 的缩写
当前设置:模式 = 修剪,半径 = 0.0000
选择第一个对象或[放弃(U)/多段线(P)/半径(R)/修剪(T)/多个(M)]:T✓
输入修剪模式选项[修剪(T)/不修剪(N)]<不修剪>:T✓   //修剪
选择第一个对象或[放弃(U)/多段线(P)/半径(R)/修剪(T)/多个(M)]:R✓
指定圆角半径<0.0000>:3✓
选择第一个对象或[放弃(U)/多段线(P)/半径(R)/修剪(T)/多个(M)]:选择 AB
选择第二个对象,或按住 Shift 键选择对象以应用角点或[半径(R)]:选择 BC

↙
……

执行效果如图 4-28（a）所示。

【例 4-26】 如果对图 4-27（a）所示的矩形不修剪倒圆角（R4.5mm），命令如下。

命令:Fil↙　　　　　　　　　　　　　　　　　　　　//Fillet 的缩写
当前设置:模式 = 修剪,半径 = 0.0000
选择第一个对象或[放弃(U)/多段线(P)/半径(R)/修剪(T)/多个(M)]:T↙
输入修剪模式选项[修剪(T)/不修剪(N)]<不修剪>:N↙　　　//不修剪
选择第一个对象或[放弃(U)/多段线(P)/半径(R)/修剪(T)/多个(M)]:R↙
指定圆角半径<0.0000>:3↙
选择第一个对象或[放弃(U)/多段线(P)/半径(R)/修剪(T)/多个(M)]:选择 AB
选择第二个对象,或按住 Shift 键选择对象以应用角点或[半径(R)]:选择 BC
↙
……

执行效果如图 4-28（b）所示。

4.16 打断

在 AutoCAD 中，使用"打断"命令可以将对象分解成两部分或删除对象的一部分，也可以使用"打断于点"命令在某一点处将一个对象分解成两个对象。

4.16.1 打断对象

选择"修改（M）"→"打断（K）"命令，或在"修改"工具栏中单击"打断"按钮，即可部分删除对象或将对象分解成两部分。

【例 4-27】 用"打断"命令，删除图 4-29（a）中点 AB 之间的图素。

```
————×————×————            ————×    ×————
     A      B                  A        B
  (a) 打断前的图形              (b) 打断后的图形
```

图 4-29　在 A、B 处打断圆弧

命令:BR↙　　　　　　　　　　　　　　　　//Break 的缩写
选择对象:选择 A 点
指定第二个打断点或[第一点(F)]:选择 B 点
执行效果如图 4-29（b）所示。

4.16.2 打断于点

在"修改"工具栏中单击"打断于点"按钮或用"打断"命令，可以将对象在一点处断开成两个对象，也可以打断的第一点和第二点选择同一个点。

【例 4-28】 在图 4-29（a）中，在 A 点处将直线 AB 打断。

命令:BR↙　　　　　　　　　　　　　　　　//Break 的缩写

选择对象:选择 A 点
指定第二个打断点或[第一点(F)]:选择 A 点
执行效果是在 A 点处打断。

4.17 合并

如果需要连接某一连续图形上的两个部分,或者将某段圆弧闭合为整圆,可以选择"修改"→"合并"命令或在命令栏输入 JOIN 命令,或单击"修改"工具栏上的"合并"按钮。

【例 4-29】 将例 4-27 中打断的直线合并。

命令:JO↙   //Join 的缩写
选择源对象或要一次合并的多个对象:选择第一段直线
选择要合并的对象:选择第二段直线
选择圆弧,以合并到源或进行[闭合(L)]:↙
执行效果是两端直线合并成一条直线。

【例 4-30】 将圆弧 AB 恢复成一个整圆,如图 4-30 所示。

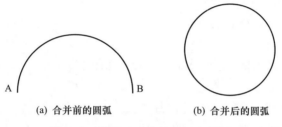

(a) 合并前的圆弧　　　　(b) 合并后的圆弧

图 4-30　圆弧 AB 恢复成一个整圆

命令:JO↙   //Join 的缩写
选择源对象或要一次合并的多个对象:选择圆弧 AB
选择要合并的对象:↙
选择圆弧,以合并到源或进行[闭合(L)]:L↙
执行效果是将圆弧转换为圆。

项目实战

1. 绘制双绕组变压器

如图 4-31 所示,绘制双绕组变压器。
先打开正交模式,再进行以下操作。

命令:C↙
指定圆的圆心或[三点(3P)/两点(2P)/切点、切点、半径(T)]:10,10↙
指定圆的半径或[直径(D)]<0.0000>:2↙
命令:COPY↙
选择对象:选择圆
选择对象:↙

图 4-31　双绕组变压器

指定基点或[位移(D)/模式(O)]<位移>:选择圆心

指定第二个点或[阵列(A)]<使用第一个点作为位移>:将光标放在圆的右边,输入 4↵

指定第二个点或[阵列(A)/退出(E)/放弃(U)]<退出>:将光标放在圆的右边,输入 8↵

指定第二个点或[阵列(A)/退出(E)/放弃(U)]<退出>:将光标放在圆的右边,输入 12↵

经过上述操作之后,所绘制的图形为 4 个圆,如图 4-32 所示。

图 4-32 绘制 4 个圆

命令:L↵

指定第一个点:选取左边第一个圆的切点 A

指定下一点或[放弃(U)]:将光标放在圆的上方,在动态框中输入 4↵

指定下一点或[退出(E)/放弃(U)]:↵

命令:L↵

指定第一个点:选取右边第一个圆的切点 B

指定下一点或[放弃(U)]:将光标放在圆的上方,在动态框中输入 4↵

指定下一点或[退出(E)/放弃(U)]:↵

经过上述操作之后,所绘制的图形如图 4-33 所示。

命令:Trim↵

选择对象或<全部选择>:用框选方法选取全部图素

选择对象:↵

选择要修剪的对象或按住 Shift 键选择要延伸的对象,或者[栏选(F)/窗交(C)/投影(P)/边(E)/删除(R)]:选取不需要保留的图素

图 4-33 绘制 2 条直线

经过上述操作之后,修剪后的图形如图 4-34 所示。

命令:L↵

指定第一个点:选取左边第一个圆的切点 A

指定下一点或[放弃(U)]:选取右边第一个圆的切点 B

指定下一点或[退出(E)/放弃(U)]:↵

图 4-34 修剪后的图形

经过上述操作之后,所绘制的图形如图 4-35 所示。

命令:M↵

选择对象:选择水平线

选择对象:↵

指定基点或[位移(D)/模式(O)]<位移>:任意选择一点

指定第二个点或[阵列(A)]<使用第一个点作为位移>:将光标放在基准点的下方,输入 3↵

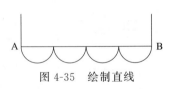

图 4-35 绘制直线

经过上述操作之后,所绘制的图形如图 4-36 所示。

命令:MIR↵   //Mirror 的缩写

选择对象:选择 4 条半圆弧及两条竖直线

选择对象:↵

指定镜像线的第一点:选择水平线上的左端点

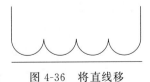

图 4-36 将直线移到图形下方

指定镜像线的第二点:选择水平线上的右端点
要删除源对象吗?[是(Y)/否(N)]＜否＞:N
经过上述操作之后,所绘制的图形如图 4-31 所示。

2. 绘制可变电阻器

如图 4-37 所示,绘制电阻器。
先打开正交模式,再进行以下操作。
命令:RECTANG
指定第一个角点或[倒角(C)/标高(E)/圆角(F)/厚度(T)/宽度(W)]:10,10↙
指定另一个角点或[面积(A)/尺寸(D)/旋转(R)]:16,8↙
命令:L↙
指定第一个点:选取矩形右边竖直线的中点
指定下一点或[放弃(U)]:将光标放在选取点的右边,在动态框中输入 5↙
指定下一点或[退出(E)/放弃(U)]:↙
命令:L↙
指定第一个点:选取矩形左边竖直线的中点
指定下一点或[放弃(U)]:将光标放在选取点的左边,在动态框中输入 5↙
指定下一点或[退出(E)/放弃(U)]:↙
经过上述操作之后,所绘制的图形如图 4-37 所示。
绘制斜向箭头,按如下步骤操作:

(1) 在菜单栏中选择"标注(N)"→"线性(L)"命令,将上述图形标注水平尺寸,标注的文字和箭头都比较小,如图 4-38 所示。

图 4-37 所绘制的图形

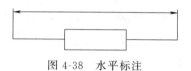

图 4-38 水平标注

(2) 先选中水平标注,再在菜单栏中选择"修改(M)"→"特性(P)"命令,然后在屏幕左边的"特性"栏中将"标注全局比例"设为 20,如图 4-39 所示。

(3) 标注的文字和箭头都放大 20 倍,效果如图 4-40 所示。

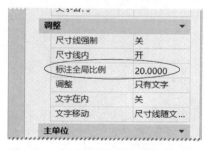

图 4-39 将"标注全局比例"设为 20

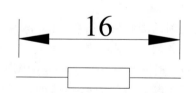

图 4-40 放大后的标注文字和箭头

(4) 将水平标注分解,步骤如下。
命令:X↙   // Explode 命令的缩写
选择对象:选择水平标注

选择对象：↙

(5) 删除不需要的线条和箭头，只保留一条直线和箭头，如图4-41所示。

(6) 将直线和箭头旋转48°，步骤如下。

命令：RO↙　　　　　　　　　　　　　　　　　　　　//Rotate的缩写

选择对象：选择直线和箭头

选择对象：↙

指定基点：选择直线的端点

指定旋转角度，或［复制(C)/参照(R)］<0>：48↙

(7) 将直线和箭头移动到合适的位置，如图4-42所示。

图4-41　只保留一条直线和箭头　　　图4-42　可变电阻器　　　图4-43　熔断器

3. 绘制熔断器

如图4-43所示，绘制熔断器。

先打开正交模式，再进行以下操作。

命令：RECTANG

指定第一个角点或［倒角(C)/标高(E)/圆角(F)/厚度(T)/宽度(W)］：10,10↙

指定另一个角点或［面积(A)/尺寸(D)/旋转(R)］：25,18↙

命令：L↙

指定第一个点：选取矩形左边竖直线的中点

指定下一点或［放弃(U)］：将光标放在选取点的左边,在动态框中输入5↙

指定下一点或[退出(E)/放弃(U)]：↙

命令：L↙

指定第一个点：选取矩形右边竖直线的中点

指定下一点或［放弃(U)］：将光标放在选取点的右边,在动态框中输入5↙

指定下一点或[退出(E)/放弃(U)]：↙

命令：C↙

指定圆的圆心或［三点(3P)/两点(2P)/切点、切点、半径(T)］：12.5,14↙

指定圆的半径或［直径(D)］<0.0000>:1↙

命令：C↙

指定圆的圆心或［三点(3P)/两点(2P)/切点、切点、半径(T)］：22.5,14↙

指定圆的半径或［直径(D)］<0.0000>:1↙

经过上述操作之后，所绘制的图形如图4-44所示。

绘制熔断器电气符号中间的两条圆弧，按如下步骤操作：

(1) 用一条直线连接两个圆心

命令：L↙

指定第一个点：选取右边的圆心

图4-44　所绘制的图形

指定下一点或［放弃(U)］：选取左边的圆心

指定下一点或［退出(E)/放弃(U)］：↙

(2) 利用两个圆心和线段的中点，绘制两个圆

命令：C↙

指定圆的圆心或［三点(3P)/两点(2P)/切点、切点、半径(T)］：2P↙

指定圆上的第一个点：选取线段的中线

指定圆上的第二个点：选取左圆的圆心

命令：C↙

指定圆的圆心或［三点(3P)/两点(2P)/切点、切点、半径(T)］：2P↙

指定圆上的第一个点：选取线段的中线

指定圆上的第二个点：选取右圆的圆心

经过上述操作之后，所绘制的图形如图 4-45 所示。

(3) 修剪矩形中间的两个圆

命令：Trim↙

选择对象或＜全部选择＞：用框选方法选取全部图素

选择对象：↙

选择要修剪的对象或按住 Shift 键选择要延伸的对象，或者［栏选(F)/窗交(C)/投影(P)/边(E)/删除(R)］：选取不需要保留的图素

经过上述操作之后，修剪后的图形如图 4-46 所示。

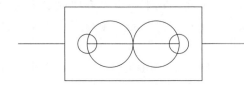
图 4-45　绘制两个圆

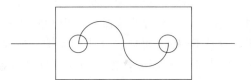
图 4-46　修剪矩形中的两个圆

(4) 删除矩形中间的线段

在菜单栏中选择"修改（M）"→"删除（E）"命令，或在"修改"工具栏中单击"删除"按钮，删除矩形中间的线段，效果如图 4-43 所示。

 巩固练习

绘制图 4-47 所示的电气工程图标题栏。

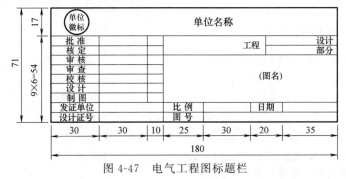
图 4-47　电气工程图标题栏

电气工程图标题栏

第5章 使用正交与栅格绘制图形

> **学习导引**
>
> 本章学习在正交模式下画图的方法,对象捕捉和自动追踪的设置方法以及使用对象捕捉和自动追踪功能绘制综合图形的方法。

5.1 设置正交模式

AuotCAD 的正交模式将输入限制为水平或垂直。在正交模式下,可以方便地绘出与当前 X 轴或 Y 轴平行的线段。使用 ORTHO 命令,或在程序窗口的状态栏中单击"正交"按钮,或按 F8 键,可以打开或关闭正交模式。

打开正交功能后,输入的第 1 点是任意的,但当移动光标准备指定第 2 点时,引出的临时线段已不再是这两点之间的连线,而是起点到光标十字线的水平或垂直线中较长的线段,此时单击鼠标右键,临时线段就变成直线。

【例 5-1】 运用正交模式绘制一个矩形(45mm×15mm),步骤如下。

命令:ORTHO↙
输入模式 [开(ON)/关(OFF)] <开>:ON↙   //设定正交模式
命令:L↙   //直线命令

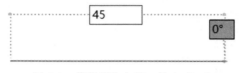

先单击任意点 A,再将鼠标往右拖,输入"45",单击 Enter,如图 5-1 所示。

然后将鼠标往上拖,输入"15",单击 Enter,如图 5-2 所示。

图 5-1 将鼠标往右拖,输入"45"

再将鼠标往左拖,输入 45mm,单击 Enter。

再将鼠标往下拖,输入 15mm,单击 Enter,绘制一个矩形,如图 5-3 所示。

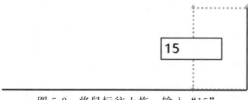

图 5-2 将鼠标往上拖,输入"15"

图 5-3 绘制一个矩形(45mm×15mm)

5.2 设置栅格捕捉

在 AutoCAD 的默认界面中有若干方格,称为栅格,在屏幕下方单击"栅格"按钮,即可显示/隐藏界面中的栅格,如图 5-4 所示。

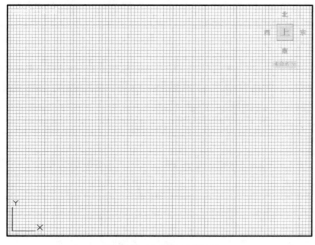

图 5-4 界面中的栅格

向上滚动鼠标的滚轮,可以放大栅格,在放大的过程中,可以看到放大到一定程度后,原来最小的方格会变成粗线,方格中又多出一些细线,原来的一个方格又被细分成 10×10 的方格。继续向上滚动滚轮,直到方格不再细分为止,此时每个方格的长宽就是栅格的基础尺寸。

在绘制图形时,尽管可以通过移动光标来指定点的位置,但却很难精确指定点的某一位置。"栅格"功能是一些标定位置的小点,可以提供直观的距离和位置参照。使用"捕捉"功能用于设定鼠标光标移动的间距,可以用来精确定位点,提高绘图效率。

要打开或关闭"捕捉和栅格"功能,可以选择以下几种方法。

(1) 如果是台式电脑,按 F7 键打开或关闭栅格,如果是笔记本电脑,按<Fn+F7>组合键,可以打开或关闭栅格。

(2) 在 AutoCAD 界面右下角的程序窗口状态栏中,单击"栅格"按钮,如图 5-5 所示。

图 5-5 单击"栅格"按钮

(3) 在命令栏中输入 GRID,可以设置栅格间距。

命令:GRID↙

指定栅格间距(X)或[开(ON)/关(OFF)/捕捉(S)/主(M)/自适应(D)/界限(L)/跟随(F)/纵横向间距(A)]<0.0000>:10↙   //设定栅格间距为10mm

指定栅格间距(X)或[开(ON)/关(OFF)/捕捉(S)/主(M)/自适应(D)/界限(L)/跟随

(F)/纵横向间距(A)]<10.0000>: ON ✓　　　　　　　　　　　　//打开栅格功能

(4) 在命令栏中输入 SNAP，可以设置捕捉间距。

命令:SN ✓　　　　　　　　　　　　　　　　　　　　　　　//Snap 的缩写

指定捕捉间距或[打开(ON)/关闭(OFF)/纵横向间距(A)/传统(L)/样式(S)/类型(T)]<0.0000>:ON ✓　　　　　　　　　　　　　　　　　　//打开捕捉间距功能

命令:SN ✓　　　　　　　　　　　　　　　　　　　　　　　//Snap 的缩写

指定捕捉间距或[打开(ON)/关闭(OFF)/纵横向间距(A)/传统(L)/样式(S)/类型(T)]<0.0000>:5 ✓　　　　　　　　　　　　　　　　　　//设定捕捉间距为 5mm

(5) 在菜单栏中选择"工具"→"绘图设置 (F)"命令，打开【草图设置】对话框，在"捕捉和栅格"选项卡中选中或取消"启用捕捉"和"启用栅格"复选框，也可以设置栅格 X 轴间距和栅格 Y 轴间距，如图 5-6 所示。

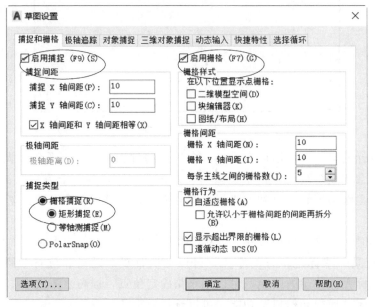

图 5-6　选中或取消"启用栅格"复选框

在图形窗口中移动光标，可以看到光标不再连续移动，而是在这些线的交点间跳动（如果是连续移动，则向上滚动鼠标的滚轮，放大栅格，直到不能放大为止）。如果在画图的时候，图形将被准确定位到栅格的交点处。CAD 中这种自动将光标定位到图中已有栅格、图形的特征点的操作方式就被称为捕捉（SNAP），这里用到的是栅格捕捉，更常用的是对象捕捉，后面会单独介绍。

【例 5-2】　运用栅格捕捉方式绘制一个直角三角形，两直角边的长度分别为 35mm、25mm，步骤如下。

命令:SNAP ✓

指定捕捉间距或[打开(ON)/关闭(OFF)/纵横向间距(A)/传统(L)/样式(S)/类型(T)]<10.0000>:5 ✓　　　　　　　　　　　　　　　　　　//设定栅格间距为 5mm

命令:L ✓　　　　　　　　　　　　　　　　　　　　　　//直线命令

先单击 A 点，再单击 B 点，然后单击 C 点，最后单击 A 点，完成直角三角形，如图 5-7 所示。

【例 5-3】 运用栅格捕捉方式绘制三极热继电器符号,如图 5-8 所示。

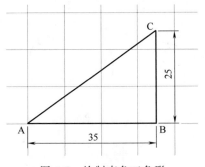

图 5-7 绘制直角三角形

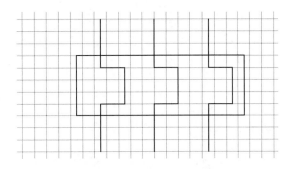

图 5-8 三极热继电器符号

<提示>

用 GRID 命令,将栅格间距设为 10mm,用 SNAP 命令,将捕捉间距设为 5mm,然后再绘制三极热继电器符号。具体步骤略。

5.3 对象捕捉功能

在绘图的过程中,经常要指定一些对象上已有的点,例如端点、圆心和两个对象的交点等。在 AutoCAD 中,可以通过"对象捕捉"工具栏和"草图设置"对话框等方式调用对象捕捉功能,迅速、准确地捕捉到某些特殊点,从而精确地绘制图形。

5.3.1 "对象捕捉"工具栏

在菜单栏中选择"工具(T)"→"工具栏"→"AutoCAD"命令,在下拉菜单中选择"对象捕捉"命令,弹出"对象捕捉"工具栏,如图 5-9 所示。

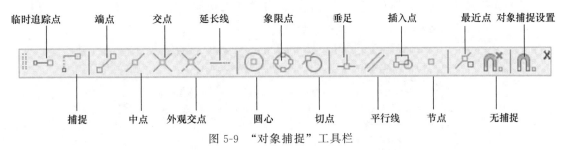

图 5-9 "对象捕捉"工具栏

在绘图过程中,当要求指定点时,单击"对象捕捉"工具栏中相应的特征点按钮,再将光标移到要捕捉对象上的特征点附近,即可捕捉到相应的对象特征点。

【例 5-4】 通过圆的象限点 A 画一条水平线,如图 5-10 所示。

命令:L↙   //直线命令

在图 5-9 所示的"对象捕捉"工具栏中单击"象限点"按钮 ⊙。

将鼠标放在 A 点,自动捕捉到象限点。

再将鼠标往右拖,即可绘制一条水平线。

【例 5-5】 绘制出圆 A 与圆 B 的公共切线，如图 5-11 所示。

图 5-10 通过圆的象限点 A 画一条水平线　　　图 5-11 绘制出圆 A 与圆 B 的公共切线

命令:L↙　　　　　　　　　　　　　　　　　　　　　　　//直线命令

在图 5-9 所示的"对限捕捉"工具栏中单击"切点"按钮⊙。

选择圆 A 的切点。

再在"对限捕捉"工具栏中单击"切点"按钮⊙。

选择圆 B 的切点。

即可绘制圆 A 与圆 B 的公共切线。

5.3.2 设置自动捕捉功能

绘图的过程中，使用对象捕捉的频率非常高。为此，AutoCAD 提供了自动对象捕捉模式。自动捕捉就是当将光标放在一个对象上时，系统自动捕捉到对象上所有符合条件的几何特征点，并显示相应的标记。如果将光标放在捕捉点上多停留一会儿，系统还会显示捕捉的提示。这样，在选点之前，就可以预览和确认捕捉点，按以下步骤设置自动捕捉功能。

（1）在菜单栏中选择"工具"→"绘图设置（F）"，在弹出的【草图设置】对话框中选择"对象捕捉"选项。

（2）选择"启用对象捕捉"复选框，并勾选要设置的对象捕捉模式，如图 5-12 所示。

（3）选择完毕后单击"确定"，即完成设置自动捕捉功能。

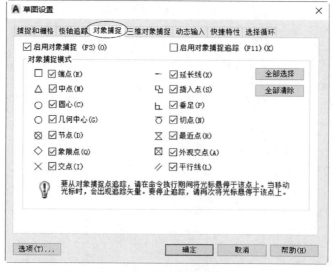

图 5-12 设置对象捕捉模式

5.3.3 对象捕捉快捷菜单

按下 Shift 键或者 Ctrl 键，在工作区单击鼠标右键，即可打开对象捕捉快捷菜单，如图 5-13 所示。

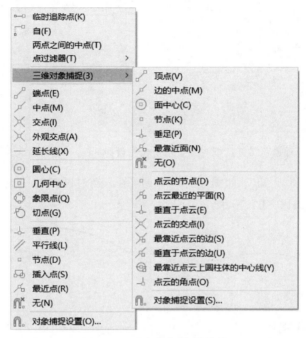

图 5-13 对象捕捉快捷菜单

5.4 使用自动追踪

在 AutoCAD 中，自动追踪可按指定角度绘制对象，或者绘制与其他对象有特定关系的对象，是非常有用的辅助绘图工具，自动追踪功能分极轴追踪和对象捕捉追踪两种。

5.4.1 极轴追踪

极轴追踪：按事先给定的角度增量来追踪特征点。

【例 5-6】 经过基准点 A，每隔 30°画一条射线，步骤如下。

（1）在菜单栏中选择"工具"→"绘图设置（F）"，在弹出的【草图设置】对话框中选择"极轴追踪"选项。

（2）选择"启用极轴追踪"复选框，将"增量角"设为 30°，如图 5-14 所示。

（3）命令：Ray↙   //射线命令

选择基准点

拖动鼠标，可以每隔 30°画出一条射线，如图 5-15 所示。

5.4.2 对象捕捉追踪

对象捕捉追踪：是按与对象的某种特定关系来进行追踪，比如相切、垂直等。

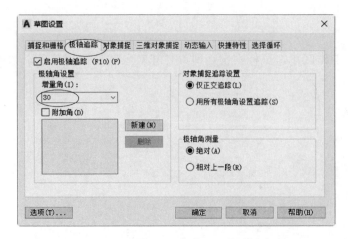
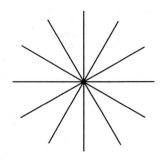

图 5-14　选择"启用极轴追踪"复选框,将"增量角"设为 30°　　图 5-15　每隔 30°画一条射线

【**例 5-7**】　已知圆弧 AB,如图 5-16(a)所示,经过圆弧的端点,先画一条切线,再画切线的垂线,如图 5-16(b)所示。

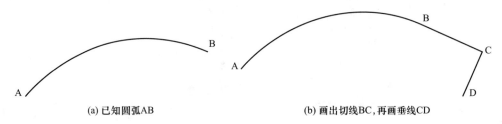

(a) 已知圆弧AB　　　　　　　　(b) 画出切线BC,再画垂线CD

图 5-16　经过圆弧的端点,先画一条切线,再画切线的垂线

作图步骤如下。
(1) 命令:L↙　　　　　　　　　　　　　　　　　　　　　//直线命令
(2) 选择 B 点。
(3) 拖动鼠标,直到直线 BC 与圆弧 AB 相切后,单击左键。
(4) 再次拖动鼠标,直到直线 CD 与直线 BC 垂直,单击左键。
作图效果如图 5-16(b)所示。

如果事先知道追踪角度,则使用极轴追踪;如果事先不知道具体的追踪角度,但知道与其他对象的某种关系(如相切、垂直等),则用对象捕捉追踪。极轴追踪和对象捕捉追踪可以同时使用。

5.4.3　临时追踪点和捕捉自功能

在"对象捕捉"工具栏中,还有两个非常有用的对象捕捉工具,即"临时追踪点"和"捕捉自"工具。

"临时追踪点"工具:可在一次操作中创建多条追踪线,并根据这些追踪线确定所要定位的点。

"捕捉自"工具:在使用相对坐标指定下一个应用点时,"捕捉自"工具可以提示输入基点,并将该点作为临时参照点,这与通过输入前缀@使用最后一个点作为参照点类似。

5.4.4 自动追踪功能

使用自动追踪功能可以快速而且精确地定位点,在很大程度上提高了绘图效率。在 AutoCAD 中,要设置自动追踪功能选项,可打开"选项"对话框,在"草图"选项卡的"自动追踪设置"选项组中进行设置,其各选项功能如下。

"显示极轴追踪矢量"复选框:设置是否显示极轴追踪的矢量数据。

"显示全屏追踪矢量"复选框:设置是否显示全屏追踪的矢量数据。

"显示自动追踪工具栏提示"复选框:设置在追踪特征点时是否显示工具栏上的相应按钮的提示文字。

5.5 设置动态输入

在 AutoCAD 中,使用动态输入功能可以在指针位置处显示标注输入和命令提示等信息,从而极大地方便了绘图。动态输入可以分为指针输入、标注输入、动态提示三类。

5.5.1 启用指针输入

在【草图设置】对话框的"动态输入"选项卡中,选中"启用指针输入"复选框可以启用指针输入功能,如图 5-17 所示。在"指针输入"选项组中单击"设置"按钮,使用打开的【指针输入设置】对话框设置指针的格式和可见性,如图 5-18 所示。

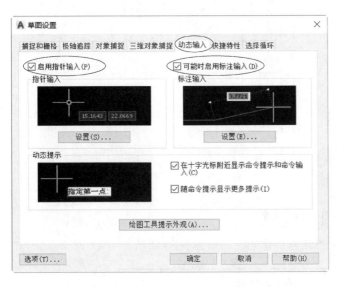

图 5-17 选中"启用指针输入"复选框

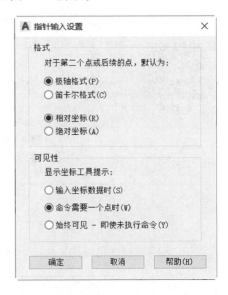

图 5-18 设置指针的格式和可见性

5.5.2 启用标注输入

在【草图设置】对话框的"动态输入"选项卡中,选中"可能时启用标注输入"复选框可以启用标注输入功能。在"标注输入"选项组中单击"设置"按钮,使用打开的"标注输入的设置"对话框可以设置标注的可见性,如图 5-19 所示。

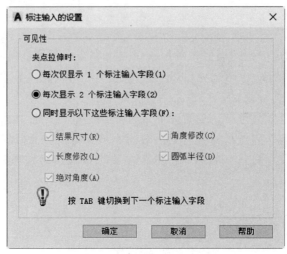

图 5-19 设置标注的可见性

项目实战

1. 运用"捕捉和栅格"功能,绘制电路图,如图 5-20 所示。

电路图

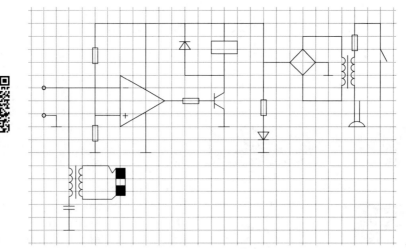

图 5-20 电路图

2. 运用"捕捉和栅格"功能,绘制电气工程图标题栏,如图 5-21 所示。

电气工程图标题栏

图 5-21 绘制电气工程图标题栏

巩固练习

运用"捕捉和栅格"功能,绘制图 5-22~图 5-24 所示三个电气符号:集成电路,显像管,石英晶体振荡器。

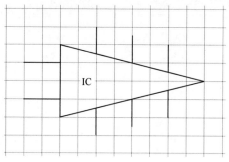

集成电路

图 5-22 集成电路

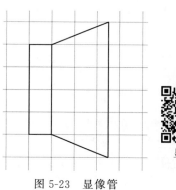
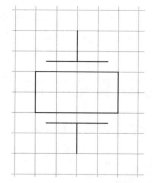

显像管

石英晶体
振荡器

图 5-23 显像管   图 5-24 石英晶体振荡器

第6章 图案填充

学习导引

图案填充是一种使用指定线条图案来充满指定区域的图形对象,在机械 CAD 中,常常用于表达剖切面和不同类型物体对象的外观纹理,在电气 CAD 中,可以用来表示某些特定的电气符号。本章学习图案填充的编辑方法,了解图案填充的定义。

6.1 图案填充操作

图案填充的应用非常广泛,例如,在机械工程图中,可以用图案填充表达剖面,也可以使用不同的图案填充来表达不同的零部件或者材料。

图 6-1 填充正五边形

【例 6-1】 先创建一个正五边形,并进行填充,如图 6-1 所示,操作步骤如下。

(1) 先创建一个正五边形。

(2) 在菜单栏中选择"绘图(D)"→"图案填充(H)"命令,在弹出的【图案填充和渐变色】对话框中单击"添加:拾取点(K)"按钮,如图 6-2 所示。

(3) 在圆的内部任意选择一点,再单击 Enter 键。

> 〈提示〉
>
> 在某些情况下,如果区域中的线条太多,可以单击"添加:选择对象(B)"按钮,然后在圆周上任意选择一点,再单击 Enter 键

(4) 在【图案填充和渐变色】对话框中单击"图案"栏所对应的 ,如图 6-2 所示。

(5) 在弹出的【填充图案选项板】对话框中选择"ANSI"选项卡,选择 ANSI31 图案,如图 6-3 所示。

(6) 单击"确定"按钮,在【图案填充和渐变色】对话框中,将"角度"设为 0,"比例"设为 1。

(7) 单击"确定"按钮,创建填充图案,如图 6-4(a)所示。

图 6-2 【图案填充和渐变色】对话框

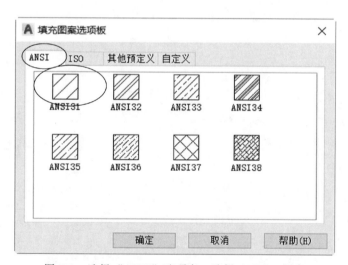

图 6-3 选择"ANSI"选项卡,选择 ANSI31 图案

(8) 如果将"比例"设为 0.5,所创建填充图案如图 6-4 (b) 所示。
(9) 如果将"角度"设为 90°,所创建填充图案如图 6-4 (c) 所示。

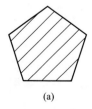 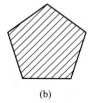 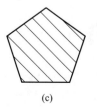

(a)　　　　　　　　(b)　　　　　　　　(c)　　　　　　　　(d)

图 6-4 创建填充图案

第 6 章 图案填充　075

（10）如果在【填充图案选项板】对话框中选择"其他预定义"选项卡，再选择"SOL-ID"图案，所创建填充图案如图6-4（d）所示。

创建填充图案时，所要填充的区域轮廓一般是要求封闭的，对于没有封闭的轮廓，一般是不能填充的，但可以通过设定允许间隙的方法进行填充。

【例 6-2】　先创建一个没有封闭的矩形，如图6-5所示，并进行填充，步骤如下。

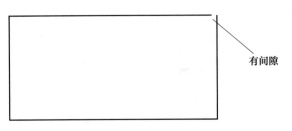

图 6-5　矩形没有封闭

（1）在菜单栏中选择"绘图（D）"→"图案填充（H）"命令，在弹出的【图案填充和渐变色】对话框中单击"添加：选择对象（B）"按钮。

（2）选择矩形的四条边，再单击 Enter 键。

（3）在【图案填充和渐变色】对话框中单击右下角的箭头"＞"，将"公差"设为 0.5000 单位，选择 ANSI37 图案，如图 6-6 所示。

（4）单击"确定"按钮，创建填充图案，如图 6-7 所示。

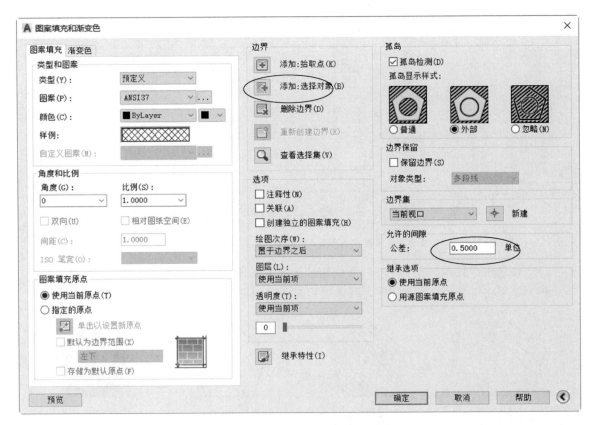

图 6-6　将"公差"设为 0.5000 单位

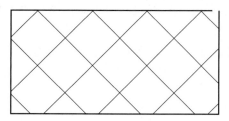

图 6-7 创建填充图案

6.2 填充界面介绍

在菜单栏中选择"绘图（D）"→"图案填充（H）"命令，或在"绘图"工具栏中单击"图案填充"按钮，打开【图案填充和渐变色】对话框的"图案填充"选项卡，可以设置图案填充时的类型和图案、角度和比例等特性。

6.2.1 填充的类型和图案

在"类型和图案"选项组中，可以设置图案填充的类型和图案，主要选项的功能如下。

◇ "类型"下拉列表框：设置填充的图案类型，包括"预定义""用户定义"和"自定义"3个选项。其中，选择"预定义"选项，可以使用 AutoCAD 提供的图案；选择"用户定义"选项，则需要临时定义图案，该图案由一组平行线或者相互垂直的两组平行线组成；选择"自定义"选项，可以使用事先定义好的图案。

◇ "图案"下拉列表框：设置填充的图案，当在"类型"下拉列表框中选择"预定义"时该选项可用。在该下拉列表框中可以根据图案名选择图案，也可以单击其后的按钮，在打开的"填充图案选项板"对话框中进行选择。

◇ "样例"预览窗口：显示当前选中的图案样例，单击所选的样例图案，也可打开"填充图案选项板"对话框选择图案。

◇ "自定义图案"下拉列表框：选择自定义图案，在"类型"下拉列表框中选择"自定义"类型时该选项可用。

6.2.2 填充的角度和比例

在"角度和比例"选项组中，可以设置用户定义类型的图案填充的角度和比例等参数，主要选项的功能如下。

◇ "角度"下拉列表框：设置填充图案的旋转角度。每种图案在定义时的旋转角度都为零。

◇ "比例"下拉列表框：设置图案填充时的比例值。每种图案在定义时的初始比例为1，可以根据需要放大或缩小。在"类型"下拉列表框中选择"用户自定义"时该选项不可用。

◇ "双向"复选框：当在"图案填充"选项卡中的"类型"下拉列表框中选择"用户定义"选项时，选中该复选框，可以使用相互垂直的两组平行线填充图形；否则为一组平行线。

◇ "相对图纸空间"复选框：设置比例因子是否为相对于图纸空间的比例。

◇"间距"文本框：设置填充平行线之间的距离，当在"类型"下拉列表框中选择"用户自定义"时，该选项才可用。

◇"ISO 笔宽"下拉列表框：设置笔的宽度，当填充图案采用 ISO 图案时，该选项才可用。

6.2.3　图案填充原点

在"图案填充原点"选项组中，可以设置图案填充原点的位置，因为许多图案填充需要对齐填充边界上的某一个点。主要选项的功能如下。

◇"使用当前原点"单选按钮：可以使用当前坐标系原点（0，0）作为图案填充原点。

◇"指定的原点"单选按钮：可以通过指定点作为图案填充原点。其中，单击"单击以设置新原点"按钮，可以从绘图窗口中选择某一点作为图案填充原点；选择"默认为边界范围"复选框，可以以填充边界的左下角、右下角、右上角、左上角或圆心作为图案填充原点；选择"存储为默认原点"复选框，可以将指定的点存储为默认的图案填充原点。

6.2.4　填充的边界

在"边界"选项组中，包括"拾取点""选择对象"等按钮，其功能如下。

◇"拾取点"按钮：以拾取点的形式来指定填充区域的边界。单击该按钮切换到绘图窗口，可在需要填充的区域内任意指定一点，系统会自动计算出包围该点的封闭填充边界，同时亮显该边界。如果在拾取点后系统不能形成封闭的填充边界，则会显示错误提示信息。

◇"选择对象"按钮：单击该按钮将切换到绘图窗口，可以通过选择对象的方式来定义填充区域的边界。

◇"删除边界"按钮：单击该按钮可以取消系统自动计算或用户指定的边界。

◇"重新创建边界"按钮：重新创建图案填充边界。

◇"查看选择集"按钮：查看已定义的填充边界。单击该按钮，切换到绘图窗口，已定义的填充边界将亮显。

6.2.5　其他选项功能

在"选项"选项组中，"关联"复选框用于创建其边界时随之更新的图案和填充；"创建独立的图案填充"复选框用于创建独立的图案填充；"绘图次序"下拉列表框用于指定图案填充的绘图顺序，图案填充可以放在图案填充边界及所有其他对象之后或之前。

此外，单击"继承特性"按钮，可以将现有图案填充或填充对象的特性应用到其他图案填充或填充对象；单击"预览"按钮，可以使用当前图案填充设置显示当前定义的边界，单击图形或按 Esc 键返回对话框，单击、右击或按 Enter 键接受图案填充。

6.2.6　设置孤岛和边界

在进行图案填充时，通常将位于一个封闭区域内的封闭区域称为孤岛。单击【图案填充和渐变色】对话框右下角的箭头"＞"，可以对孤岛和边界进行设置，如图 6-8 所示。

【例 6-3】　分别创建一个矩形、六边形和圆形，成嵌套的形式，并用孤岛的方式进行填充，如图 6-9 所示。

孤岛填充

步骤参见二维码视频。

图 6-8 设置孤岛和边界

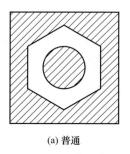   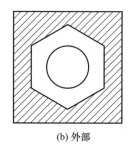   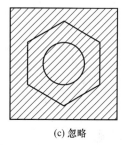

(a) 普通　　　　　　　　　　(b) 外部　　　　　　　　　　(c) 忽略

图 6-9 用孤岛的方式进行填充

6.3 编辑图案填充

创建了图案填充后，如果需要修改填充图案或修改图案区域的边界，可选择"修改"→"对象"→"图案填充"命令，然后在绘图窗口中单击需要编辑的图案填充，这时将打开"图案填充编辑"对话框，再重新选择边界。

【例 6-4】 将如图 6-10（a）所示的填充修改为图 6-10（b）所示的填充。

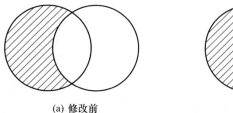

(a) 修改前　　　　　　　　　(b) 修改后

图 6-10 修改填充

步骤如下：
(1) 在菜单栏中选择"修改（M）"→"对象(O)"→"图案填充（H）"命令。
(2) 在绘图窗口中单击需要编辑的图案填充。
(3) 选择新的边界。

6.4 分解图案

图案是一种特殊的块，无论形状多复杂，它都是一个单独的对象。可以使用"修改(M)"→"分解（X）"命令来分解已创建的图案。图案被分解后，它将不再是一个单一对象，而是若干组成图案的线条。同时，分解后的图案也失去了与图形的关联性，也无法使用"修改（M）"→"对象（O）"→"图案填充（H）"命令进行编辑。

 项目实战

先绘制如图6-11（a）所示的图形，再用图案填充命令，绘制双向触发二极管符号，如图6-11（b）所示。

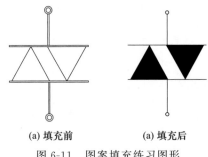

(a) 填充前　　　　(a) 填充后

图6-11　图案填充练习图形

命令：Polygon↙　　　　　　　　　　　　　　　//正多边形命令
输入侧面数 <5>：3↙
指定正多边形的中心点或［边(E)］：0,0↙
输入选项［内接于圆(I)/外切于圆(C)］<I>：I↙
指定圆的半径：9↙　　　　　　　　　　　　　//创建第一个正三角形
命令：Polygon↙
输入侧面数 <3>：3↙
指定正多边形的中心点或［边(E)］：15,4.5↙
输入选项［内接于圆(I)/外切于圆(C)］<I>：I↙
指定圆的半径：9↙　　　　　　　　　　　　　//创建第二个正三角形
命令：RO↙
选择对象：选择第二个正三角形
选择对象：↙
指定基点：选择第二个正三角形的中心线
指定旋转角度，或［复制(C)/参照(R)］<0>：180↙　　//将第二个正三角形旋转180°
命令：Rectang↙
指定第一个角点或［倒角(C)/标高(E)/圆角(F)/厚度(T)/宽度(W)］：-9,9↙

指定另一个角点或[面积(A)/尺寸(D)/旋转(R)]：24,10 ↙   //创建第一个矩形
命令：Rectang ↙
指定第一个角点或[倒角(C)/标高(E)/圆角(F)/厚度(T)/宽度(W)]：-9,-4.5 ↙
指定另一个角点或[面积(A)/尺寸(D)/旋转(R)]：24,-5.5 ↙
                                                    //创建第二个矩形
命令：Rectang ↙
指定第一个角点或[倒角(C)/标高(E)/圆角(F)/厚度(T)/宽度(W)]：7,-5.5 ↙
指定另一个角点或[面积(A)/尺寸(D)/旋转(R)]：8,-18 ↙   //创建第三个矩形
命令：Rectang ↙
指定第一个角点或[倒角(C)/标高(E)/圆角(F)/厚度(T)/宽度(W)]：7,10 ↙
指定另一个角点或[面积(A)/尺寸(D)/旋转(R)]：8,22.5 ↙   //创建第四个矩形
命令：C ↙
指定圆的圆心或[三点(3P)/两点(2P)/切点、切点、半径(T)]：7.5,25 ↙
指定圆的半径或[直径(D)]<2.5000>：1.5 ↙   //创建第一个圆
命令：C ↙
指定圆的圆心或[三点(3P)/两点(2P)/切点、切点、半径(T)]：7.5,25 ↙
指定圆的半径或[直径(D)]<2.5000>：2.5 ↙   //创建第二个圆
命令：C ↙
指定圆的圆心或[三点(3P)/两点(2P)/切点、切点、半径(T)]：7.5,-20.5 ↙
指定圆的半径或[直径(D)]<2.5000>：1.5 ↙   //创建第三个圆
命令：C ↙
指定圆的圆心或[三点(3P)/两点(2P)/切点、切点、半径(T)]：7.5,-20.5 ↙
指定圆的半径或[直径(D)]<2.5000>：2.5 ↙   //创建第四个圆
命令：Hatch ↙
进行图形填充，即可得到图 6-11（b）所示图形。

 巩固练习

用填充的方法，绘制图 6-12 所示可变电阻器符号的箭头。

图 6-12 可变电阻器符号

可变电阻器
电器符号

第 7 章 线型设置

> **学习导引**
>
> 线型是指图形基本元素中线条的组成和显示方式，如虚线和实线、粗线和细线等。在 AutoCAD 中既有简单线型，也有由一些特殊符号组成的复杂线型，以满足不同国家或行业标准的要求。本章介绍线型、线宽的编辑方法。

7.1 加载线型

在默认情况下，AutoCAD 的【线型管理器】对话框中只有 1 种线型，即实线（Continuous），如果要使用中心线，可单击"加载"按钮，打开【加载或重载线型】对话框，在"可用线型"栏中选择中心线，步骤如下。

（1）在菜单栏中选择"格式（O）"→"线型（N）"命令，在弹出的【线性管理器】对话框中单击"加载（L）"按钮，如图 7-1 所示。

图 7-1 单击"加载（L）"按钮

（2）在弹出的【加载或重载线型】对话框中选择"CENTER"，如图 7-2 所示。
（3）单击两次"确定"按钮，退出【线型管理器】对话框。
（4）在"特性"工具栏中展开线型选项，即可看到中心线型，如图 7-3 所示。

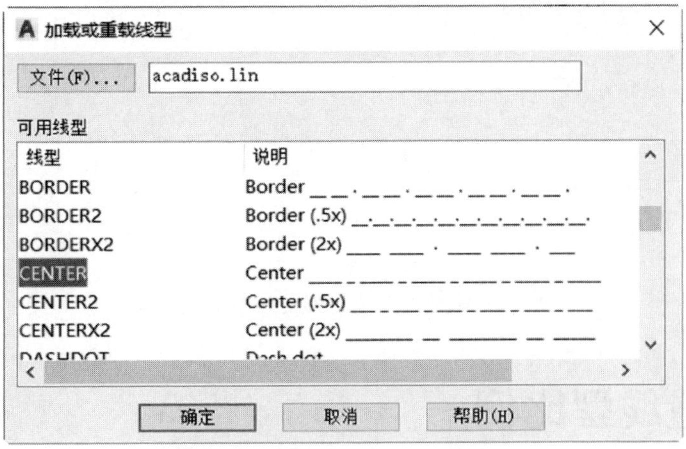

图 7-2 【加载或重载线型】对话框

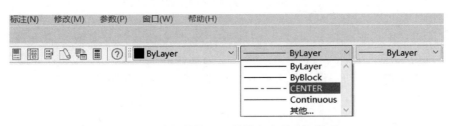

图 7-3 在"特性"工具栏中出现中心线型

7.2 设置线型

在绘制图形时要使用线型来区分图形元素，这就需要对线型进行设置。AutoCAD 的默认线型为实线（Continuous）。要改变线型，可在【线型管理器】对话框中选择一种新的线型。下面以实例说明线型设置的步骤和方法。

【例 7-1】 用虚线绘制一个正六边形，步骤如下。

（1）在菜单栏中选择"格式（O）"→"线型（N）"命令，在弹出的【线型管理器】对话框中先加载 ACAD_ISO03W100，再单击"当前（C）"按钮，然后单击"确定"按钮，如图 7-4 所示。

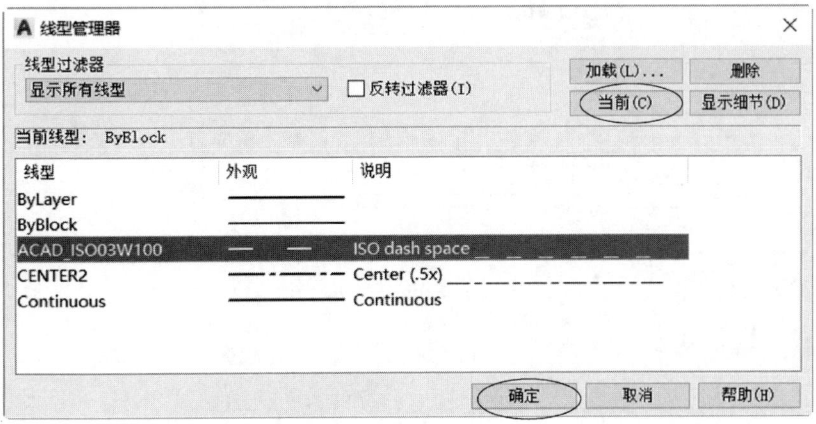

图 7-4 选择 ACAD_ISO03W100，再单击"当前（C）"按钮

(2) 绘制正六边形,所绘制的图形呈虚线状,如图 7-5 所示。

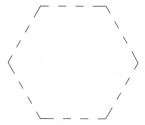

图 7-5　所绘制正六边形的线条呈虚线状

7.3　设置线型比例

如果需要调整图 7-5 中虚线间隔的大小,可在【线型管理器】对话框中修改"全局比例因子",具体步骤如下。

(1) 在菜单栏中选择"格式(O)"→"线型(N)"命令,打开【线性管理器】对话框,单击"显示细节"按钮,如图 7-6 所示,将"全局比例因子"设为 0.5000,如图 7-7 所示。

(2) 单击"确定"按钮,图 7-5 所绘制的虚线间距变密,如图 7-8 所示。

图 7-6　单击"显示细节"按钮

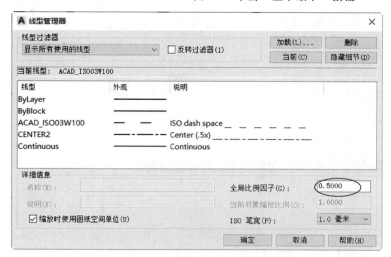

图 7-7　将"全局比例因子"设为 0.5000

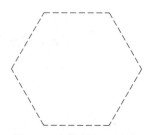

图 7-8　虚线的间距变密

7.4 设置线宽

在 AutoCAD 中，默认的线宽是 0.00mm。有两种方法设置对象的线宽，第一种方法是在菜单栏中选择"格式（O）"→"线宽（W）"命令，在弹出的【线宽设置】对话框中选择线宽；第二种方法是先画图，然后选择所绘图形，再在"特性"工具栏"线宽"列表中选择对应的线宽，对已画好的线条调整线宽。

【例7-2】 将图 7-8 中所绘制的正六边形的线条的线宽改为 0.30mm，步骤如下。

（1）先选择正六边形。
（2）再在"特性"工具栏"线宽"列表中选择"0.30mm"，如图 7-9 所示。

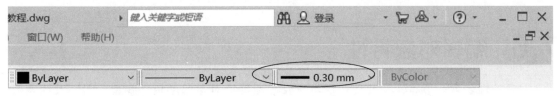

图 7-9 在"特性"工具栏"线宽"列表中选择对应的线宽

（3）正六边形的线条变粗，如图 7-10 所示。
（4）如果线条没有变粗，处理方法是：在菜单栏中选择"格式（O）"→"线宽（W）"命令，在弹出的【线宽设置】对话框中选择"显示线宽"单选框，如图 7-11 所示。

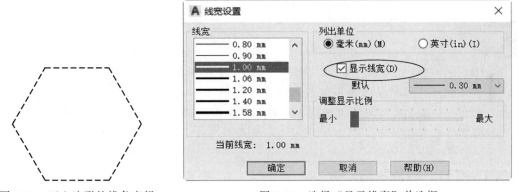

图 7-10 正六边形的线条变粗　　　　图 7-11 选择"显示线宽"单选框

7.5 特性匹配

在 AutoCAD 中，特性匹配是比较常用的命令，所谓特性匹配是以已知的某一样式为标准，去改变另外一个样式，从而获得和已知样式具有一样的格式，它可以匹配图层、文字、尺寸、箭头大小、填充等。

【例7-3】 先将线型设为实线，细宽设为 0.13mm，再绘制一个正五边形，然后用格式刷将线型、线宽调整成图 7-10 正六边形的线型和线宽，步骤如下。

（1）用细实线任意绘制一个正五边形，如图 7-12（a）所示。
（2）在菜单栏中选择"修改（M）"→"特性匹配（M）"命令。

(3) 先选取图 7-10 的正六边形，再选取图 7-12（a）中所绘制的正五边形，正五边形的线型和线宽变为与图 7-10 的正六边形的线型和线宽相同，如图 7-12（b）所示。

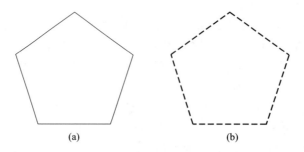

图 7-12　用特性匹配的方法改变线型和线宽

7.6　编辑对象特性

对象特性包含一般特性和几何特性，一般特性包括对象的颜色、线型、图层及线宽等，几何特性包括对象的尺寸和位置。可以直接在"特性"选项板中设置和修改对象的特性。

例如，可以在"特性"工具栏中将线型设为 ByBlock，将线宽设为 ByLayer，如图 7-13 所示。

图 7-13　将线型设为 ByBlock，将线宽设为 ByLayer

> 〈提示〉
> ByBlock：随块，意思就是"对象属性使用它所在的图块的属性"。ByLayer：随层，意思就是"对象属性使用它所在图层的属性"。如果图形对象属性设置成 ByBlock 和 ByLayer，但没有被定义成图块，此对象将使用默认的属性，颜色是白色、线宽为 0、线型为实线、图层为 0。

7.6.1　打开"特性"选项板

在菜单栏中选择"修改（M）"→"特性（P）"命令，也可以在"标准"工具栏中单击"特性"按钮，在屏幕的左边打开"特性"选项板，如图 7-14 所示。

7.6.2　"特性"选项板的功能

"特性"选项板中显示了当前所选择对象的所有特性和特性值，可以通过修改"特性"选项板浏览、修改对象的特性。

【例 7-4】　绘制一个直径为 $\phi 20$mm 圆，线宽为 0.3mm、颜色为黑色，将其变为线宽为 0.13mm、颜色为红色、线型比例为 20 的点画线，步骤如下。

(1) 用线宽为 0.3mm、颜色为黑色的实线任意绘制一个圆，如图 7-15 所示。

(2) 选择刚才所绘制的圆。

(3) 在菜单栏中选择"修改（M）"→"特性（P）"命令。

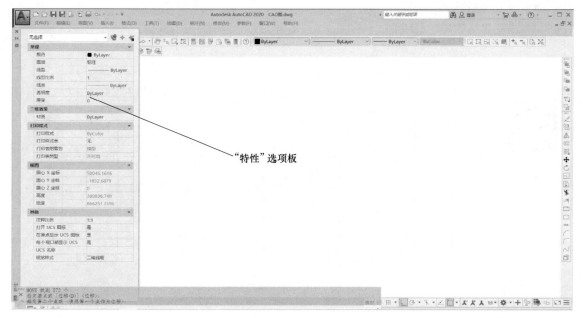

图 7-14　在屏幕的左边打开"特性"选项板

（4）在"特性"工具栏中"颜色"选择红色，"线型"选择 ————— CENTER，"线型比例"设为 20，"线宽"选择 0.13mm，如图 7-16 所示。

（5）执行的效果如图 7-17 所示。

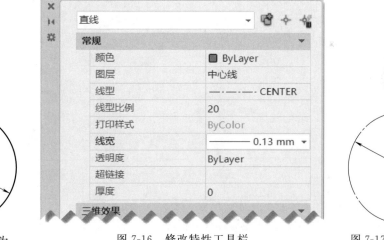

图 7-15　用线宽为 0.3mm、颜色为黑色的实线绘制一个圆

图 7-16　修改特性工具栏

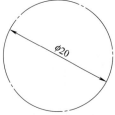

图 7-17　执行的效果

项目实战

用不同的线型绘制图 7-18 所示的图形，其中轮廓线用粗实线，线宽为 0.3mm；标注、剖面线用细实线，线宽为 0.13mm；中心线用点画线，线宽为 0.13mm；直径为 64mm 的圆用虚

线，线宽为 0.13mm。

操作步骤参见二维码视频。

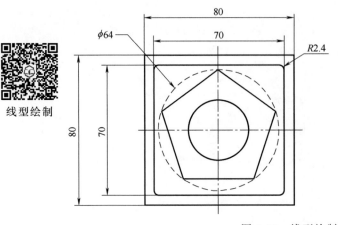

图 7-18　线型绘制

第8章

图 层

> **学习导引**
>
> 通过本章的学习,掌握新图层的创建方法,包括设置图层的颜色、线型和线宽;"图层特性管理器"对话框的使用方法,并能够设置图层特性、过滤图层和使用图层功能绘制图形。

8.1 图层的基本概念

图层是 AutoCAD 提供的一个管理图形对象的工具,用户可以将粗实线、细实线、中心线、注解、标注等放入不同的图层中,进行归类处理,使用图层来管理它们,不仅能使图形的各种信息清晰、有序,便于观察,而且也会给图形的编辑、修改和输出带来很大的方便。

在菜单栏中选择"格式(O)"→"图层(L)"命令,或者在命令栏中输入"LA",即可打开【图层特性管理器】对话框,如图 8-1 所示。

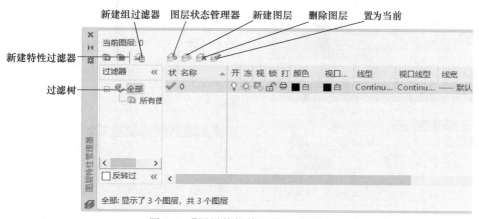

图 8-1 【图层特性管理器】对话框

8.2 创建新图层

AutoCAD 已自动创建一个图层名称为 0 的图层。默认情况下,该图层将被指定使用 7 号颜色(白色或黑色,由背景色决定,本书中将背景色设置为白色,因此,图层颜色就是黑色)、线型为 Continuous、"默认"线宽及 normal 打印样式,用户不能删除或重命名该图层 0。在绘图过程中,如果用户要使用更多的图层来组织图形,就需要先创建新图层。

下面以创建"中心线"图层为例进行讲解。

8.2.1 创建新图层

在菜单栏中选择"格式(O)"→"图层(L)"命令,在【图层特性管理器】对话框中单击"新建图层"按钮,可以创建一个名称为"图层 1"的新图层。默认情况下,新建图层与当前图层的状态、颜色、线型、线宽等设置相同。

当创建了图层后,图层的名称将显示在图层列表框中,如果要更改图层名称,可单击该图层名,然后输入一个新的图层名并按 Enter 键即可。在这里将图层名改为"中心线"。

8.2.2 设置图层颜色

颜色在图形中具有非常重要的作用,可用来表示不同的组件、功能和区域。图层的颜色实际上是图层中图形对象的颜色。每个图层都拥有自己的颜色,对不同的图层可以设置相同的颜色,也可以设置不同的颜色,绘制复杂图形时就可以很容易区分图形的各部分。

新建图层后,要改变图层的颜色,可在【图层特性管理器】对话框中单击图层的"颜色"列对应的图标,打开"选择颜色"对话框选择颜色。这里选择红色,如图 8-2 所示。

8.2.3 设置图层线型

默认情况下,图层的线型为 Continuous。如果要改变线型,可在图层列表中单击"线型"列的 Continuous,打开【选择线型】对话框,默认情况下,在"已加载的线型"列表框中只有 Continuous 一种线型,如图 8-3 所示。

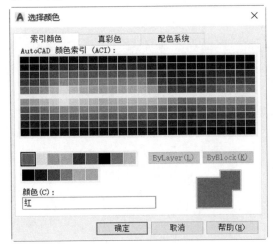

图 8-2　选择红色

图 8-3　默认情况下,只有 Continuous 一种线型

8.2.4 加载线型

单击"加载"按钮,在弹出的【加载或重载线型】对话框中选择"CENTER"线型,然后单击"确定"按钮,如图 8-4 所示。

单击"确定"按钮,将 CENTER 线型添加到"已加载的线型"列表框中,如图 8-5 所示。

图 8-4 选择"CENTER"线型

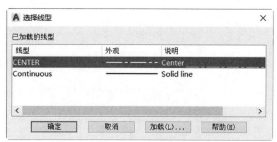

图 8-5 将 CENTER 线型添加到
"已加载的线型"列表框中

8.2.5 设置线型比例

在菜单栏中选择"格式（O）"→"线型"命令，在弹出的【线型管理器】对话框中单击"显示细节"按钮，将"全局比例因子"设为 0.3000，如图 8-6 所示，从而改变 CENTER 线型的间隔。

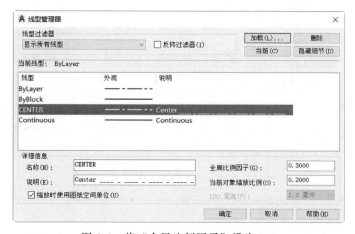

图 8-6 将"全局比例因子"设为 0.3

8.2.6 设置图层线宽

线宽设置就是改变线条的宽度。在 AutoCAD 中，使用不同宽度的线条表现对象的大小或类型，可以提高图形的表达能力和可读性。

要设置图层的线宽，可以在【图层特性管理器】对话框的"线宽"列中单击该图层对应的线宽"——默认"，在弹出的【线宽】对话框中选择 0.13mm，如图 8-7 所示。

单击"确定"按钮，返回【图层特性管理器】对话框，此时"中心线"图层是当前图层，颜色为红色，线型为 CENTER，线宽为 0.13mm，如图 8-8 所示。

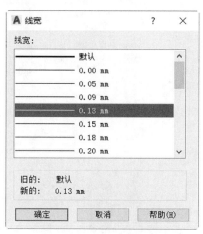

图 8-7 在弹出的【线宽】
对话框中选择 0.13mm

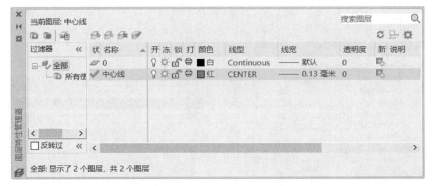

图 8-8 "中心线"图层是当前图层，颜色为红色，线型为 CENTER，线宽为 0.13mm

8.2.7 创建其他图层

按照相同的方法，创建其他图层，如表 8-1 所示，执行效果如图 8-9 所示。

表 8-1 创建图层

图层名称	颜色	线型	线宽	图例
中心线	红	CENTER	0.13	—— - ——
粗实线	黑	Continuous	0.35	————
细实线	黑	Continuous	0.13	————
虚线	黄	DASHED	0.13	- - - - - -
双点画线	蓝	PHANTOM	0.13	—— ·· ——
标注	绿	Continuous	0.13	
剖面	青	Continuous	0.13	
文本	洋红	Continuous	0.13	

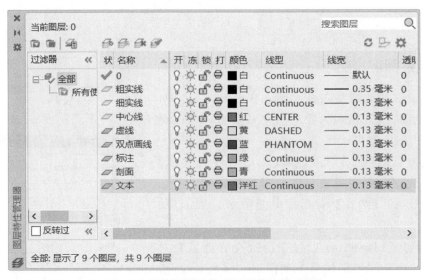

图 8-9 创建图层后的【图层特性管理器】

8.3 管理图层

在 AutoCAD 中,使用【图层特性管理器】对话框不仅可以创建图层,设置图层的颜色、线型和线宽,还可以对图层进行更多的设置与管理,如图层的切换、重命名、删除及图层的显示控制等。

8.3.1 设置图层

在【图层特性管理器】对话框中,每个图层都包含状态、名称、打开/关闭、冻结/解冻、锁定/解锁、线型、颜色、线宽和打印样式等特性。使用图层绘制图形时,新对象的各种特性将由当前图层设置决定,也可以在绘制对象后,单独设置该对象的特性。

【例 8-1】 绘制图 8-10 所示图形,线型是点画线,颜色为红色,线宽为 0.13mm。

在菜单栏中选择"格式(O)"→"图层(L)"命令,打开【图层特性管理器】对话框,在图 8-9 中,设定中心线图层为当前图层,然后绘制正五边形,所绘制的图形的线型是点画线,颜色为红色,线宽为 0.13mm,如图 8-10 所示。

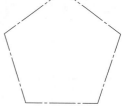

图 8-10 绘制正五边形

【例 8-2】 将上一步创建的图形改为实线,红色,线宽为 0.30,步骤如下。

(1) 先选择上一步创建的图形。

(2) 在"特性"工具栏的颜色栏中选择红色,在线型栏中选择 Continuous,在线宽栏中选择 0.30mm,如图 8-11 所示。

图 8-11 设定"特性"工具栏

(3) 所选择的图形改为实线,红色,线宽为 0.30,如图 8-12 所示。

8.3.2 切换当前层

在【图层特性管理器】对话框的图层列表中,选择某一图层后,单击"当前图层"按钮,即可将该层设置为当前层。

在实际绘图时,为了便于操作,主要通过"图层(L)"工具栏来实现切换图层的操作,这时只需选择要将其设置为当前层的图层名称即可,"图层(L)"工具栏的结构如图 8-13 所示。

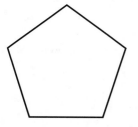

图 8-12 所选择的图形改为实线,红色,线宽为 0.30

【例 8-3】 先在中心线图层中绘制一条水平中心线和一条竖直中心线,然后绘制一个椭圆(长轴为 10mm,短轴为 5mm),最后标注尺寸,操作步骤如下。

(1) 在"特性"工具栏的颜色栏中选择 ByLayer,在线型栏中选择 ByLayer,在线宽栏中选择 ByLayer,如图 8-14 所示。(ByLayer:意思是对象属性使用它所在图层的属性。特性栏中还有一个 ByBlock,其意思是对象属性使用它所在的图块的属性。)

(2) 在"图层(L)"工具栏中选择"中心线"图层,如图 8-15 所示。

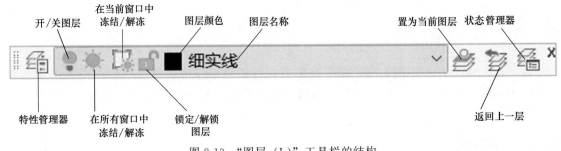

图 8-13 "图层(L)"工具栏的结构

图 8-14 设定"特性"工具栏

图 8-15 选择"中心线"图层

(3)在工作区中绘制一条水平中心线和一条竖直中心线,如图 8-16 所示。

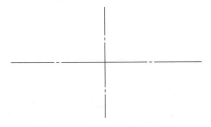

图 8-16 绘制一条水平中心线和一条竖直中心线

(4)在"图层(L)"工具栏中选择"粗实线"图层,如图 8-17 所示。

图 8-17 选择"粗实线"图层

(5)以两条中心线的交点为圆心,画一个椭圆(长轴为 10mm,短轴为 5mm),所绘制的圆颜色为黑色,线型为 Continuous,线宽为 0.13mm,如图 8-18 所示。

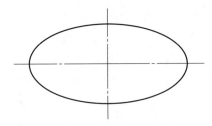

图 8-18 所绘制的圆颜色为黑色,线型为 Continuous,线宽为 0.13mm

(6)在"图层(L)"工具栏中选择"标注"图层,如图 8-19 所示。

图 8-19 选择"标注"图层

（7）在菜单栏中选择"标注"→"线性"命令，标注椭圆的长轴和短轴，标注的颜色为绿色，线型为 Continuous，线宽为 0.13mm，如图 8-20 所示。

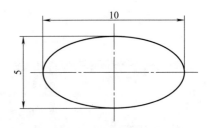

图 8-20 标注的颜色为绿色，线型为 Continuous，线宽为 0.13mm

8.3.3 过滤图层

在 AutoCAD 中，图层过滤功能可以简化在图层方面的操作。当图形中包含大量图层时，查找比较困难，可以在【图层特性管理器】对话框中单击"新建特性过滤器"按钮，在打开的【图层过滤器特性】对话框中，设置过滤条件，在图层管理器中只显示满足条件的图层，可以缩短查找和修改图层设置的时间。

【例 8-4】 对图 8-9 中所创建的图层，只显示颜色为白色的图层，操作步骤如下。

（1）在【图层特性管理器】中单击"新建特性过滤器"按钮，如图 8-21 所示。

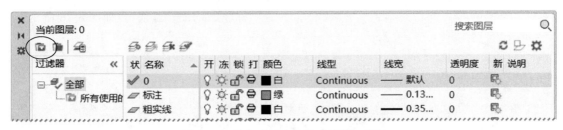

图 8-21 单击"新建特性过滤器"按钮

（2）在弹出的【图层过滤器特性】对话框中的"过滤器名称"栏中输入"白色图层"，如图 8-22 所示。

图 8-22 输入"白色图层"

（3）单击"过滤器定义"栏中的"∗"，单击"颜色"栏的右下角，出现 ⋯，如图 8-23 所示。

图 8-23 单击"颜色"栏的右下角，出现 ⋯

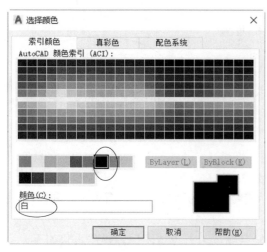

图 8-24 在【选择颜色】对话框中选择白色

(4) 再单击 ,在弹出的【选择颜色】对话框中选择白色,如图 8-24 所示。

(5) 在【图层特性管理器】对话框中的"过滤器"栏中创建了一个"白色图层"的过滤器,如果在过滤器中选择"白色图层",只显示颜色为白色的图层,如图 8-25 所示。

8.3.4 过滤图层

在 AutoCAD 中,可以通过"新建组过滤器"过滤图层,具体步骤如下。

(1) 在【图层特性管理器】对话框中单击"新建组过滤器"按钮,并在对话框左侧过滤器树列表中添加一个组过滤器,并改名为"标注、剖面、虚线",如图 8-26 所示。

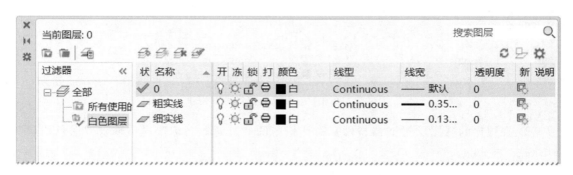

图 8-25 只显示颜色为白色的图层

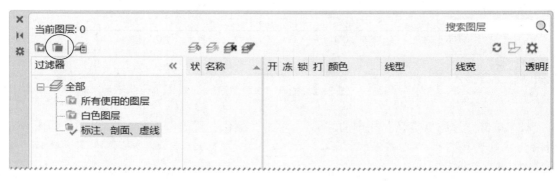

图 8-26 将组过滤器改名为"标注、剖面、虚线"

(2) 在过滤器栏在单击"全部"选项,按住标注图层,并拖入到"标注、剖面、虚线"组中,如图 8-27 所示。

(3) 采用相同的方法,将剖面图层和虚线图层拖入到"标注、剖面、虚线"组中。

(4) 在过滤器栏单击"标注、剖面、虚线"选项,在【图层特性管理器】对话框中只显示标注图层、剖面图层和虚线图层,如图 8-28 所示。

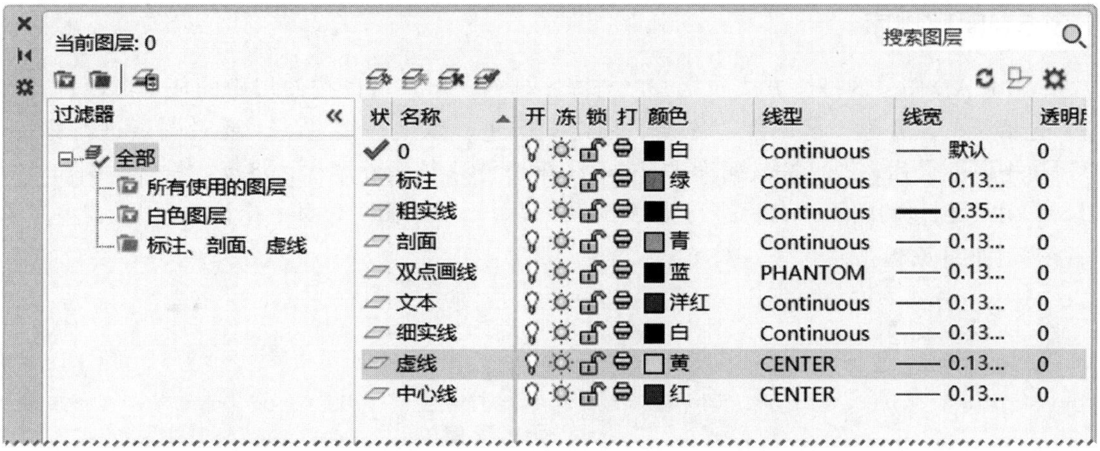

图 8-27　按住标注图层，并拖入到"标注、剖面、虚线"组中

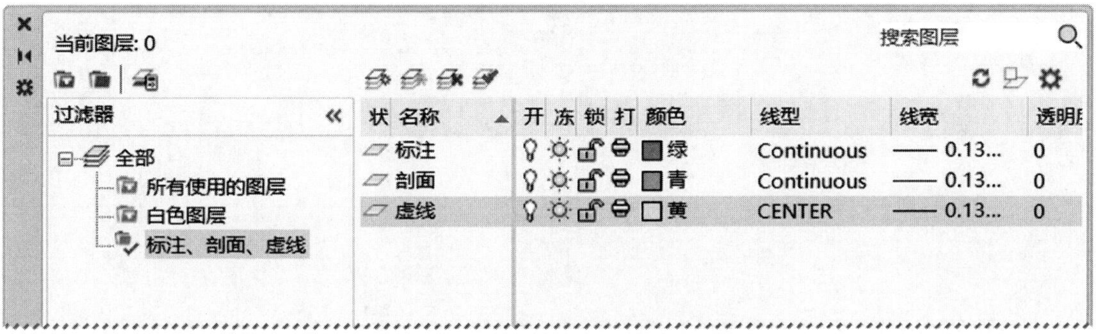

图 8-28　只显示标注图层、剖面图层和虚线图层

（5）在过滤器栏中选择"反转过滤器"复选框，可以显示其他的图层，如图 8-29 所示。

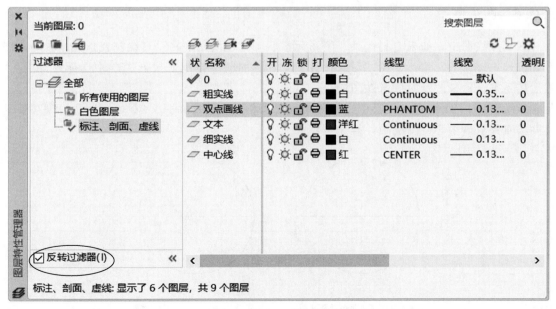

图 8-29　可以显示其他的图层

8.3.5 图层排序

AutoCAD 图层的排序方式包括升序与降序排列。用户可以按图层中的任一属性进行排序，包括状态、名称、可见性、冻结、锁定、颜色、线型、线宽等。要对图层进行排序，只需单击属性名称，即可按该属性进行排序，再次单击该属性名称，将反向排序。例如，对图 8-29 中所创建的图层按名称进行排序（图中只显示 6 个图层，共 9 个图层），只需要单击"名称"，如图 8-30 所示。

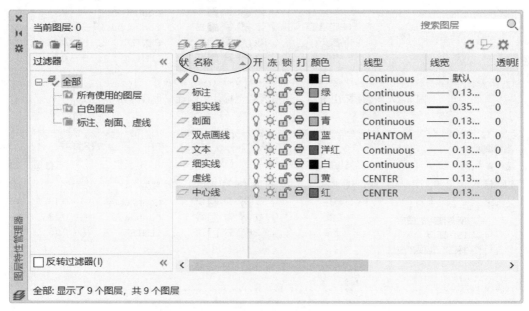

图 8-30　按名称排序

8.3.6 改变图层

在实际绘图中，如果绘制完某一图形元素后，发现该元素并没有绘制在预先设置的图层上，可选中该图形元素，并在"对象特性"工具栏的图层控制下拉列表框中选择预设层名，然后按下 Esc 键来改变对象所在图层。

【例 8-5】　在粗实线图层中绘制了两条直线和一个圆，如图 8-31（a）所示。现在要求将两条直线放到中心线图层中，操作步骤如下。

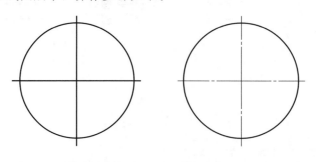

(a) 改变图层前是两条粗实线　　　(b) 改变图层后是两条细点画线

图 8-31　改变图层前后对比

(1) 先选择两条直线。
(2) 再在"图层（L）"工具栏中选择"中心线"图层，如图 8-32 所示。

图 8-32 选择"中心线"图层

(3) 所选择的两条粗实线放到中心线图层，并且颜色改变成红色，线型改变成细点画线，如图 8-31（b）所示。

项目实战

先按要求设置以下图层，再按图 8-33 绘制图形。
操作步骤参见二维码视频。

层名	颜色	线型	线宽	绘制内容
01	白色(white)	Continous	0.3	轮廓线
02	白色(white)	Continous	0.13	剖面线
05	红色(red)	ISO04W100	0.13	中心线
08	绿色(green)	Continous	0.13	尺寸标注

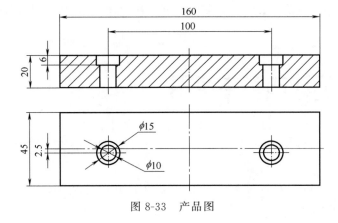

设置图层绘制
产品图

图 8-33 产品图

第 9 章

尺 寸 标 注

 学习导引

通过本章的学习，读者应了解尺寸标注的规则和组成，以及"标注样式管理器"对话框的使用方法，并掌握创建尺寸标注的基础以及样式设置的方法，掌握各种类型尺寸标注的方法，其中包括长度型尺寸、半径、直径、圆心、角度、引线和形位公差等；另外掌握编辑标注对象的方法。

AutoCAD 包含了一套完整的尺寸标注命令和实用程序，用户使用它们足以完成图纸中要求的尺寸标注。

9.1 创建标注的基本步骤

在 AutoCAD 中对图形进行尺寸标注的基本步骤如下：
（1）选择"格式（O）"→"图层（L）"命令，在打开的"图层特性管理器"对话框中创建一个独立的图层，用于尺寸标注。
（2）选择"格式（O）"→"文字样式"命令，在打开的"文字样式"对话框中创建一种文字样式，用于尺寸标注。
（3）选择"格式（O）"→"标注样式"命令，在打开的"标注样式管理器"对话框中设置标注样式。
（4）使用对象捕捉和标注等功能，对图形中的元素进行标注。

9.2 标注基础与样式设置

用户在进行尺寸标注之前，必须了解 AutoCAD 尺寸标注的组成、标注样式的创建和设置方法。

9.3 标注样式

在菜单栏中选择"格式（O）"→"标注样式"命令，打开【标注样式管理器】对话框，

AutoCAD 提供了 2 种标注样式，如图 9-1 所示。

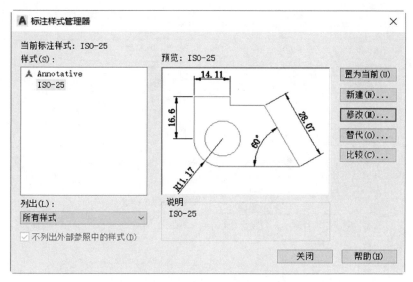

图 9-1 【标注样式管理器】对话框

9.3.1 新建标注样式

在【标注样式管理器】对话框中，单击"新建"按钮，弹出【创建新标注样式】对话框，在"新样式名（N）"栏中输入"user"，在"基础样式"栏中选择 Standard，然后单击"继续"按钮，如图 9-2 所示。

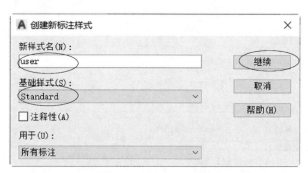

图 9-2 在"新样式名（N）"栏中输入"user"

9.3.2 设置尺寸线和尺寸界线格式

在【新建标注样式】对话框中，选择"线"选项卡，可以设置尺寸线、尺寸界线的颜色、线型、线宽和位置等，如图 9-3 所示。

在"尺寸线"选项组中，将尺寸线的颜色设为红色、线型设为 Continuous、线宽设为 0.13mm、基线间距设为 0.2。

在"尺寸界线"选项组中，将尺寸界线的颜色设为绿色；尺寸界线（1）和尺寸界线（2）的线型设为 Continuous；线宽设为 0.13mm；超出尺寸线设为 0.2；起点偏移量设为 0.1。如图 9-4 所示。

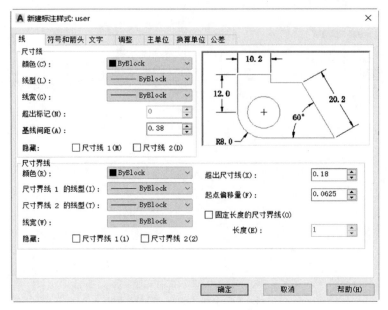

图 9-3　设置"线"选项卡

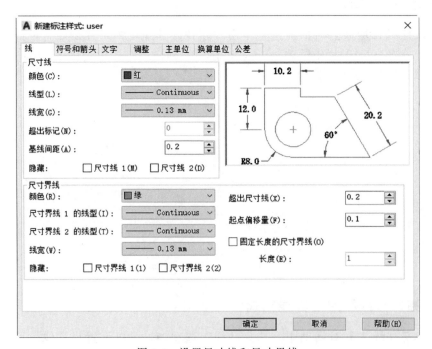

图 9-4　设置尺寸线和尺寸界线

9.3.3　设置符号和箭头格式

在【新建标注样式】对话框中，单击"符号和箭头"选项卡可以设置箭头、圆心标记、弧长符号和半径标注折弯的格式与位置。

(1) 箭头　在"箭头"选项组中选择"实心闭合"选项，将"箭头大小"设为 0.2。

<提示>

如果选择"用户箭头"选项,打开【选择自定义箭头块】对话框。在"从图形块中选择"文本框内输入当前图形中已有的块名,然后单击"确定"按钮,AutoCAD将以该块作为尺寸线的箭头样式,此时块的插入基点与尺寸线的端点重合。

(2) 圆心标记　在"圆心标记"选项组中,选择"直线"单选框,将"大小"设为0.5。

<提示>

圆心标记有三种类型,即"无""标记"和"直线"。如果选择"标记"选项,可对圆或圆弧的圆心标记"十"字形符号,选择"直线"选项,可对圆或圆弧绘制中心线;选择"无"选项,则没有任何标记。当选择"标记"或"直线"单选按钮时,可以在"大小"文本框中设置圆心标记的大小,圆心标记的三种形式如图9-5所示。

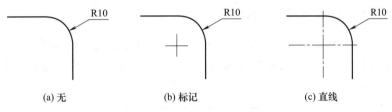

图 9-5　圆心标记的三种形式

(3) 弧长符号　在"弧长符号"选项组中,选择"标注文字的前缀"单选框,将"大小"设为0.5。

<提示>

在"弧长符号"选项组中,可以设置弧长符号与标注文字的位置关系,包括"标注文字的前缀""标注文字的上方"和"无"3种方式,弧长符号的三种形式如图9-6所示。

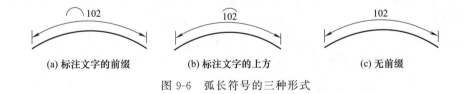

图 9-6　弧长符号的三种形式

9.3.4　设置文字格式

在【新建标注样式】对话框中,使用"文字"选项卡可以设置标注文字的外观、位置和对齐方式。

(1) 文字外观　部分选项的功能说明如下。

◇ 文字样式:单击"文字样式"栏所对应的 ⋯ 按钮,选择宋体,将"宽度因子"设为 1.0000，如图 9-7 所示。

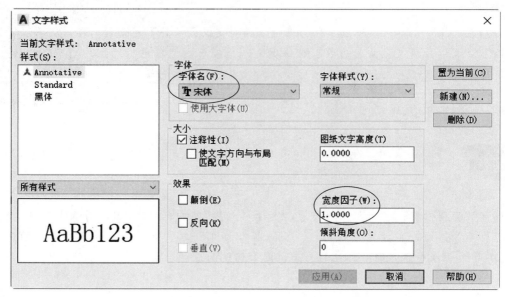

图 9-7　将字体设为"宋体"，将"宽度因子"设为 1.0000

在"文字"选项卡中，将"文字颜色"设为绿，"填充颜色"设为洋红，"文字高度"设为 0.2000，"垂直"设为上，"水平"设为居中，在"文字对齐"栏中选择"与尺寸线对齐"单选框，如图 9-8 所示。

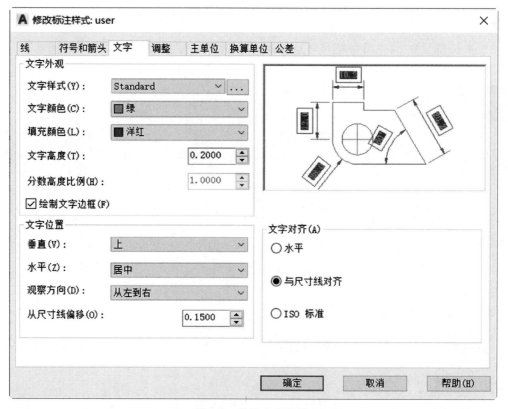

图 9-8　设定文字格式

◇ 在"分数高度比例"文本框：设置标注文字中的分数相对于其他标注文字的比例，AutoCAD 将该比例值与标注文字高度的乘积作为分数的高度。

◇ 在"绘制文字边框"复选框：设置是否给标注文字加边框。

(2) 文字位置

① 在"垂直"栏中有 5 个选项，可以将文字设置为居中、上、外部、下、JIS。

② 在"水平"栏中有 5 个选项，可以将文字设置为居中、第一条尺寸界线、第二条尺寸界线、第一条尺寸界线上方、第二条尺寸界线上方。

9.3.5 设置主单位格式

在"新标注样式"对话框中，可以使用"主单位"选项卡设置主单位的格式与精度等属性。

(1) 线性标注　在"线性标注"选项组中可以设置线性标注的单位格式与精度，主要选项功能如下。

◇ "单位格式"下拉列表框：设置除角度标注之外的其余各标注类型的尺寸单位，包括"科学""小数""工程""建筑""分数"等选项。

◇ "精度"下拉列表框：设置除角度标注之外的其他标注的尺寸精度。

◇ "分数格式"下拉列表框：当单位格式是分数时，可以设置分数的格式，包括"水平""对角"和"非堆叠"3 种方式。

◇ "小数分隔符"下拉列表框：设置小数的分隔符，包括"逗点""句点"和"空格"3 种方式。

◇ "舍入"文本框：用于设置除角度标注外的尺寸测量值的舍入值。

◇ "前缀"和"后缀"文本框：设置标注文字的前缀和后缀，在相应的文本框中输入字符即可。

◇ "测量单位比例"选项组：使用"比例因子"文本框可以设置测量尺寸的缩放比例，AutoCAD 的实际标注值为测量值与该比例的积。选中"仅应用到布局标注"复选框，可以设置该比例关系仅适用于布局。

◇ "消零"选项组：可以设置是否显示尺寸标注中的前导和后续零。

(2) 角度标注　在"角度标注"选项组中，可以使用"单位格式"下拉列表框设置标注角度时的单位，使用"精度"下拉列表框设置标注角度的尺寸精度，使用"消零"选项组设置是否消除角度尺寸的前导和后续零。

9.4 标注尺寸

9.4.1 线性标注

在菜单栏中选择"标注 (N)"→"线性 (L)"命令，或在"标注"工具栏中单击"线性"按钮，可创建用于标注用户坐标系 XY 平面中的两个点之间的水平距离或者竖直距离，如图 9-9 所示。

9.4.2 对齐标注

在菜单栏中选择"标注(N)"→"对齐(G)"命令,或在"标注"工具栏中单击"对齐"按钮,可以标注两点之间的斜向距离,如图9-10所示。

9.4.3 弧长标注

在菜单栏中选择"标注(N)"→"弧长(H)"命令,或在"标注"工具栏中单击"弧长"按钮,可以标注圆弧线段或多段线圆弧线段部分的弧长,如图9-11所示。

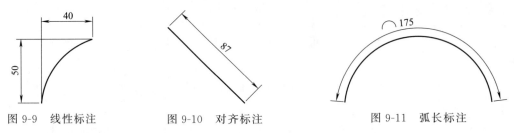

图9-9 线性标注　　　图9-10 对齐标注　　　图9-11 弧长标注

9.4.4 半径标注

在菜单栏中选择"标注(N)"→"半径(R)"命令,或在"标注"工具栏中单击"半径"按钮,可以标注圆和圆弧的半径,如图9-12所示。

9.4.5 直径标注

在菜单栏中选择"标注(N)"→"直径(D)"命令,或在"标注"工具栏中单击"直径"按钮,可以标注圆和圆弧的直径,如图9-13所示。

9.4.6 角度标注

在菜单栏中选择"标注(N)"→"角度(A)"命令,或在"标注"工具栏中单击"角度"按钮,都可以测量圆和圆弧的角度、两条直线间的角度,或者三点间的角度,如图9-14所示。

9.4.7 引线标注

在菜单栏中选择"标注(N)"→"多重引线(E)"命令,或在"标注"工具栏中单击"快速引线"按钮,都可以创建引线和注释,如图9-15所示。

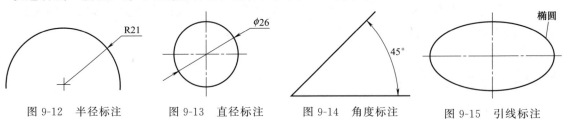

图9-12 半径标注　　图9-13 直径标注　　图9-14 角度标注　　图9-15 引线标注

9.5 编辑标注对象

在AutoCAD中,可以对已标注对象的文字、位置及样式等内容进行修改,而不必删除所标注的尺寸对象再重新进行标注。

9.5.1 编辑标注文字

尺寸标注完成后，有时需要对尺寸标注进行编辑，以便符合绘图要求。

【例 9-1】 在图 9-16 中，为了表示该图形是一个圆柱，需要在标注文字前添加直径符号 ϕ，步骤如下：双击"8"，再在"8"前面输入"％％c"，单击"确定"按钮，执行效果如图 9-16（b）所示。

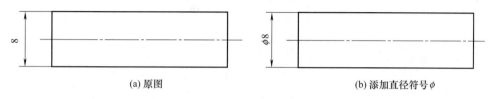

图 9-16　编辑标注文字

9.5.2 更新标注

在菜单栏中选择"标注（N）"→"更新（U）"命令，或在"标注"工具栏中单击"标注更新"按钮，都可以更新标注，使其采用当前的标注样式。

【例 9-2】 替代标注和更新标注。

（1）在菜单栏中选择"格式（O）"→"标注样式"命令，在弹出的【标注样式管理器】对话框中选择"ISO-25"样式，并单击"置为当前"按钮，然后按下"关闭"按钮，如图 9-17 所示。

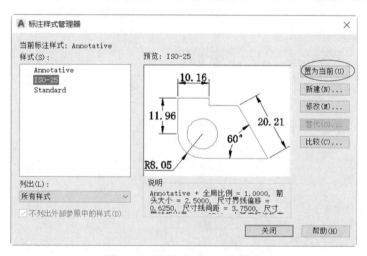

图 9-17　选择"ISO-25"样式

（2）在工作区中任意绘制一条圆弧，并标注尺寸，尺寸为任意值，有两位小数，如图 9-18 所示。

（3）在菜单栏中选择"格式（O）"→"标注样式"命令，在弹出的【标注样式管理器】对话框中选择"ISO-25"样式，并单击"替代"按钮，如图 9-19 所示。

（4）在弹出的【替代当前样式】对话框中选择

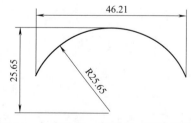

图 9-18　任意绘制一条圆弧，并标注尺寸

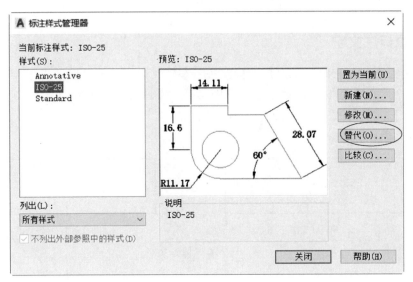

图 9-19 选择"ISO-25"样式,并单击"替代"按钮

"主单位"选项卡,并将"精度"设为 0,"比例因子"设为 2,然后单击"确定"按钮,如图 9-20 所示。

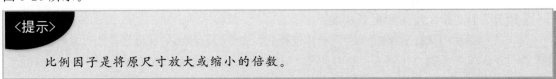

比例因子是将原尺寸放大或缩小的倍数。

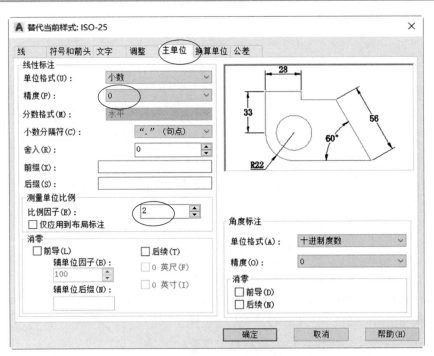

图 9-20 将"精度"设为 0,"比例因子"设为 2

(5)在【标注样式管理器】对话框中单击"关闭"按钮退出。

（6）在菜单栏中选择"标注（N）"→"更新（U）"命令，选择图 9-18 中的标注，然后单击鼠标右键，所选择标注的数值自动放大两倍，同时去掉小数位，只保留整数，如图 9-21 所示。

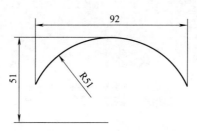

图 9-21　标注的数值自动放大两倍，同时只保留整数

项目实战

绘制图 9-22 所示的图形，并标注尺寸。

操作步骤参见二维码视频。

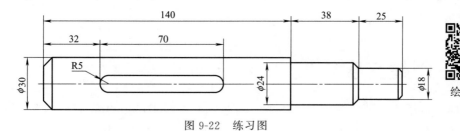

图 9-22　练习图

绘图标注

第 10 章　编辑文字

> **学习导引**
>
> 通过本章的学习，掌握创建文字样式，包括设置样式名、字体、文字效果；创建与编辑单行文字和多行文字方法；使用文字控制符和"文字格式"工具栏编辑文字；掌握罗马数字的输入方法。

10.1　创建文字样式

文字样式包括"字体""字型""高度""宽度系数""倾斜角""反向""倒置"以及"垂直"等参数。在创建文字注释和尺寸标注时，AutoCAD 通常使用当前的文字样式。也可以根据具体要求重新设置文字样式或创建新的样式。

（1）在菜单栏中选择"格式（O）"→"文字样式"命令，打开【文字样式】对话框。默认文字样式为 Standard，如图 10-1 所示。

图 10-1　【文字样式】对话框

(2) 在【文字样式】对话框中单击"新建"按钮，打开【新建文字样式】对话框，在"样式名"文本框中输入"长江公司的文字样式"，如图10-2 所示。

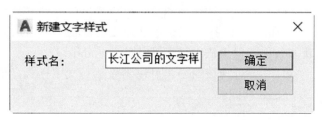

图 10-2 输入"长江公司的文字样式"

(3) 单击"确定"按钮，在"样式"下拉列表框中显示"长江公司的文字样式"，如图 10-3 所示。

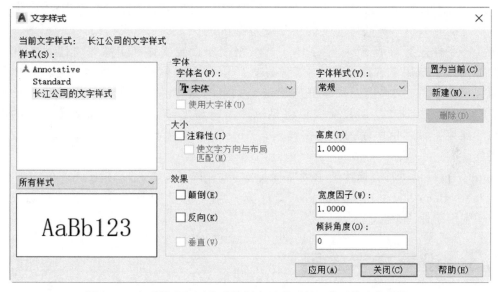

图 10-3 在"样式"下拉列表框中显示"长江公司的文字样式"

(4) 在"样式"栏中选择"长江公司的文字样式"，单击右键，出现"置为当前""重命名"和"删除"三个选项，其中"删除"选项还未激活，呈灰色，如图 10-4 所示。

图 10-4 在"样式"栏中出现"置为当前""重命名"和"删除"三个命令

"置为当前"：选择该命令，可以将所选择的样式设为当前样式。

"重命名"：选择该命令，打开【重命名文字样式】对话框，可在"样式名"文本框中输入新的名称，但无法重命名默认的 Standard 样式。

"删除"：选择该命令，可以删除某一文字样式，但无法删除已经使用的文字样式和默认的 Standard 样式。

10.2 设置字体

如图 10-3 所示，在"字体名"栏中选择"宋体"，在"字体样式"栏中选择"常规"，将"高度"设为 1.0000，将"宽度因子"设为 1.0000。

在【文字样式】对话框中，"字体"选项组用于设置字体和字高等属性。其中，"字体名"下拉列表框用于选择字体；"字体样式"下拉列表框用于选择字体格式，如斜体、粗体和常规字体等；"高度"文本框用于设置文字的高度。如果将文字的高度设为 0，在使用 TEXT 命令标注文字时，命令栏将显示"指定高度："提示，要求指定文字的高度。如果在"高度"文本框中输入了文字高度，AutoCAD 将按此高度标注文字，而不再提示指定高度。

AutoCAD 提供了符合标注要求的字体形文件：gbenor.shx、gbeitc.shx 和 gbcbig.shx 文件。其中 gbenor.shx 和 gbeitc.shx 文件分别用于标注直体和斜体字母与数字，gbcbig.shx 则用于标注中文。

10.3 设置文字效果

在【文字样式】对话框中，使用"效果"选项组中的选项可以设置文字的颠倒、反向、垂直等显示效果，如图 10-5 所示。在"宽度比例"文本框中可以设置文字字符的高度和宽度之比，当"宽度比例"值为 1 时，将按系统定义的高宽比书写文字；当"宽度比例"小于 1 时，字符会变窄；当"宽度比例"大于 1 时，字符则变宽。在"倾斜角度"文本框中可以设置文字的倾斜角度，角度为 0°时，文字不倾斜；角度为正值时，文字向右倾斜；角度为负值时，文字向左倾斜。

图 10-5　文字的颠倒、反向、垂直等显示效果

在【文字样式】对话框中单击"所有样式"选项组，如图 10-6 所示，可以预览所选择或所设置的文字样式效果。设置完文字样式后，单击"应用"按钮即可应用文字样式。然后单击"关闭"按钮，关闭【文字样式】对话框。

图 10-6 "所有样式"选项组

10.4 创建单行文字

在 AutoCAD 中,"文字"工具栏可以创建和编辑文字。对于单行文字来说,每一行都是一个文字对象,在菜单栏中选择"绘图(D)"→"文字(X)"→"单行文字(S)"命令,或在"文字"工具栏中单击"单行文字"按钮,或者在命令栏中输入"text",可以创建单行文字对象。

(1) 指定文字的起点 在命令栏中输入"text"后,系统提示"指定文字的起点或[对正(J)/样式(S)]:"。默认情况下,文字的起点为"左(L)"。通过指定起点位置创建文字。如果当前文字样式的高度设置为 0,系统将显示"指定高度:"提示信息,要求指定文字的高度,如果当前文字样式的高度设置不为 0,则不显示该提示信息。然后系统显示"指定文字的旋转角度<0>:"提示信息,要求指定文字的旋转角度。文字旋转角度是指文字行排列方向与水平线的夹角,默认角度为 0°。输入文字旋转角度,或按 Enter 键使用默认角度 0°,最后输入文字即可。

(2) 设置对正方式 在"指定文字的起点或[对正(J)/样式(S)]:"提示信息后输入 J,可以设置文字的排列方式。此时命令栏显示如下提示信息。

输入对正选项[左(L)/对齐(A)/布满(F)/居中(C)/中间(M)/右(R)/左上(TL)/中上(TC)/右上(TR)/左中(ML)/正中(MC)/右中(MR)/左下(BL)/中下(BC)/右下(BR)]<左上(TL)>:

在 AutoCAD 中,系统为文字提供了 13 种对正方式,如图 10-7 所示。

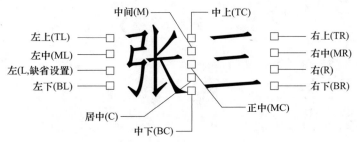

图 10-7 系统为文字提供了 13 种对正方式

【例 10-1】 先绘制一个直径为 4mm 的圆,再用 TEXT 命令输入"太阳"两字,字高设为 1。

命令:C↙

指定圆的圆心或 [三点(3P)/两点(2P)/切点、切点、半径(T)]:10,10↙

指定圆的半径或 [直径(D)] <2.0000>:D↙

指定圆的直径 <4.0000>:4↙

命令:TEXT↙

指定文字的中间点或[对正(J)/样式(S)]:J↙

输入对正选项 [左(L)/居中(C)/右(R)/对齐(A)/中间(M)/布满(F)/左上(TL)/中上(TC)/右上(TR)/左中(ML)/正中(MC)/右中(MR)/左下(BL)/中下(BC)/右下(BR)]:TC↙

指定文字的中上点:选择圆心

指定高度 <1.0000>:↙

指定文字的旋转角度 <0>:↙

输入"太阳",效果如图 10-8 (a) 所示。

采用相同的方法,对齐方式分别用"中间""正中""居中""中下"输入"太阳",效果如图 10-8 (b)~(e) 所示。

图 10-8 不同的对正方式创建文本

(3) 设置当前文字样式 在"指定文字的起点或 [对正(J)/样式(S)]:"提示下输入 S,可以设置当前使用的文字样式。选择该选项时,命令栏显示如下提示信息。

输入样式名或 [?] <Mytext>:

可以直接输入文字样式的名称,也可输入"?",在命令栏中显示当前图形已有的文字样式,如图 10-9 所示。

```
当前文字样式: Standard
当前文字样式: "Standard"  文字高度: 1.0000  注释性: 否  对正: 左
指定文字的起点 或 [对正(J)/样式(S)]: s
输入样式名或 [?] <Standard>: ?
输入要列出的文字样式 <*>:
文字样式:
样式名: "Annotative"  字体: 宋体
    高度: 0.0000  宽度因子: 1.0000  倾斜角度: 0
    生成方式: 常规
样式名: "Standard"  字体: 宋体
    高度: 0.0000  宽度因子: 1.0000  倾斜角度: 0
    生成方式: 常规
样式名: "黑体"  字体: 黑体
    高度: 0.0000  宽度因子: 1.0000  倾斜角度: 0
    生成方式: 常规
样式名: "自己的文字样式"  字体: 仿宋
    高度: 1.0000  宽度因子: 1.0000  倾斜角度: 0
    生成方式: 常规
当前文字样式: Standard
```

图 10-9 显示当前图形已有的文字样式

【例10-2】 用文字样式为 Standard，对正方式为"布满"，文字高度为 1mm，在 4mm×2mm 的矩形框中输入"电气设计图"文字，如图10-10所示。

命令：TEXT↙

指定文字基线的第一个端点或[对正(J)/样式(S)]：S↙

输入样式名或［？］＜Annotative＞：Standard↙　　　　//选择 Standard 样式

指定文字基线的第一个端点或[对正(J)/样式(S)]：J↙

输入选项［左(L)/居中(C)/右(R)/对齐(A)/中间(M)/布满(F)/左上(TL)/中上(TC)/右上(TR)/左中(ML)/正中(MC)/右中(MR)/左下(BL)/中下(BC)/右下(BR)］：F↙

指定文字基线的第一个端点：选择矩形左下角的顶点。

指定文字基线的第二个端点：选择矩形右下角的顶点。

指定高度＜1.0000＞：1.5↙

输入"电气设计图"后，执行效果如图10-10所示。

图 10-10　文字效果

【例10-3】 用文字样式为 Annotative，对正方式为"左"，文字高度为 2mm，输入"长江公司电气设计图"。

命令：TEXT↙

指定文字的起点或[对正(J)/样式(S)]：S↙

输入样式名或［？］＜Standard＞：Annotative↙

指定文字的起点或[对正(J)/样式(S)]：J↙

输入选项［左(L)/居中(C)/右(R)/对齐(A)/中间(M)/布满(F)/左上(TL)/中上(TC)/右上(TR)/左中(ML)/正中(MC)/右中(MR)/左下(BL)/中下(BC)/右下(BR)］：L↙

指定文字的起点：选中文字的起点

指定图纸高度＜1.0000＞：2↙

指定文字的旋转角度＜0＞：↙

输入文字后，执行效果如图10-11所示。

长江公司电气设计图

图 10-11　文字效果

10.5　创建多行文字

"多行文字"又称为段落文字，是一种更易于管理的文字对象，可以由两行以上的文字组成，而且各行文字都是作为一个整体处理。在菜单栏中选择"绘图（D）"→"文字（X）"→"多行文字（M）"命令，或在"绘图"工具栏中单击"多行文字"按钮，然后在绘图窗口中指定一个用来放置多行文字的矩形区域，将打开"文字格式"工具栏和文字输入窗口。利用它们可以设置多行文字的样式、字体及大小等属性。

使用"文字格式"工具栏，可以设置文字样式、文字字体、文字高度、加粗、倾斜或加下划线效果。

【例 10-4】 用多行文字方式输入"通用电气控制原理图，包括：磁控式软启动器控制原理图、重负载软启动器控制原理图。"，要求字高为 2，加粗、斜体、带下划线，步骤如下。

① 命令：MTEXT↙

② 指定第一角点：选择第一点

③ 指定对角点或 [高度（H）/对正（J）/行距（L）/旋转（R）/样式（S）/宽度（W）/栏（C）]：选择第二点

④ 输入"通用电气控制原理图，包括：磁控式软启动器控制原理图、重负载软启动器控制原理图。"

⑤ 如果所选择的第一点和第二点的水平距离近，所输入的文字有可能是两行，甚至三行，如图 10-12 所示。

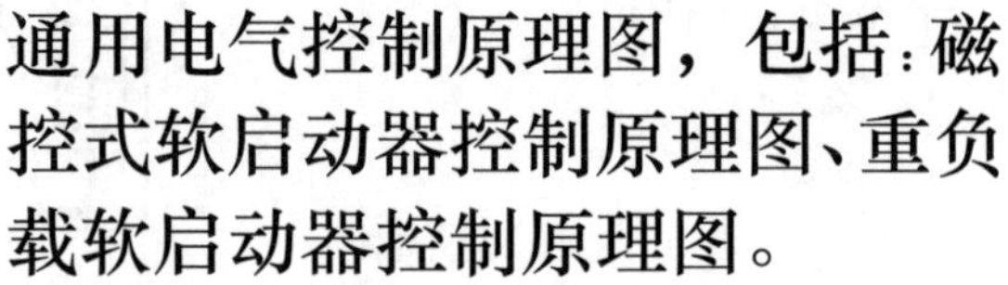

通用电气控制原理图，包括：磁控式软启动器控制原理图、重负载软启动器控制原理图。

图 10-12　所输入的文字有可能是三行

⑥ 单击所输入的文字，向右拖动右上角的箭头，如图 10-13 所示。

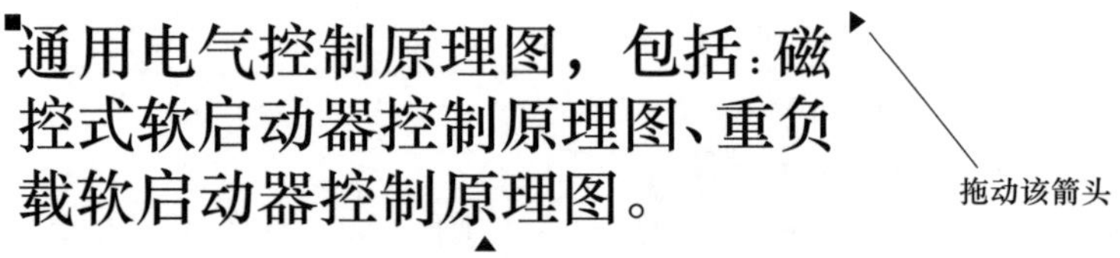

通用电气控制原理图，包括：磁控式软启动器控制原理图、重负载软启动器控制原理图。

拖动该箭头

图 10-13　向右拖动右上角的箭头

⑦ 三行文字变为两行为止，如图 10-14 所示。

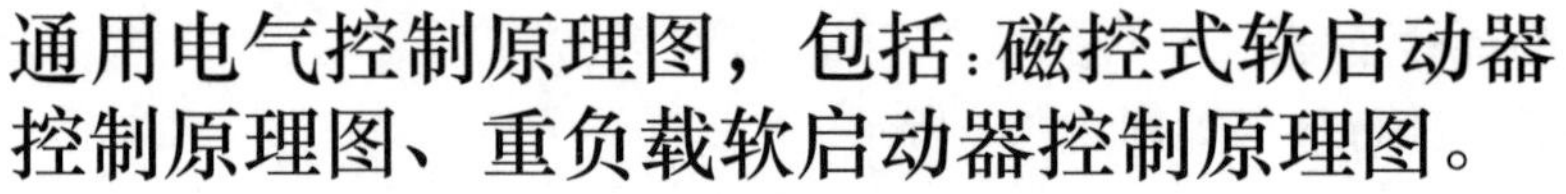

通用电气控制原理图，包括：磁控式软启动器控制原理图、重负载软启动器控制原理图。

图 10-14　变为两行

⑧ 双击所输入的文字，在【文字格式】对话框的"高度"栏中输入 2，按下 B、I、U 按钮，如图 10-15 所示。

图 10-15　在"高度"栏中输入 2，按下 B、I、U 按钮

⑨ 所输入的文字变为如图 10-16 所示的效果。

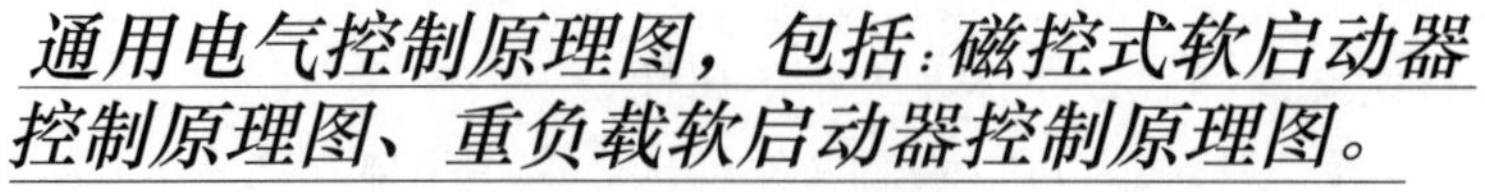

通用电气控制原理图，包括：磁控式软启动器控制原理图、重负载软启动器控制原理图。

图 10-16　执行效果

10.6 特殊字符的输入方法

在用 AutoCAD 绘图时，常常需要输入罗马、希腊字符，如Ⅰ、Ⅱ、Ⅲ、α、β、γ等，比如输入罗马字符"Ⅲ"，可以在 Word 中输入相应字符，再复制粘贴到 AutoCAD 中，也可以按如下步骤操作。

（1）在命令栏中输入"MTEXT"。

（2）在弹出的【文字格式】对话框中选择图标@下的"其他"，如图 10-17 所示。

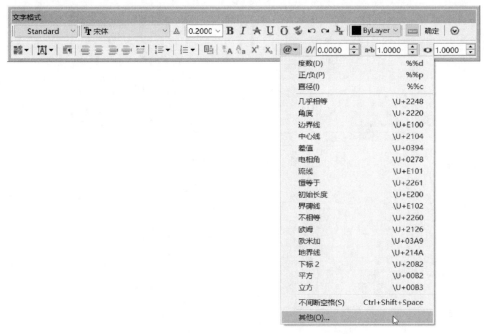

图 10-17　选择"其他"

（3）在弹出的"字符映射表"的"字体"栏中选择"宋体"，在字符表中就可以找到罗马字符"Ⅲ"，如图 10-18 所示。

（4）单击"选择"按钮，再单击"复制"按钮，然后单击鼠标右键，选择"粘贴"命令，即可输入罗马字符"Ⅲ"。

项目实战

在 AutoCAD 中输入一段文字，如下所示。
技术要求：
1. 未注角圆为 $R1$。
2. 产品净重 1.15kg，毛重 1.5kg。
3. 密度 $\rho = 7.85 \mathrm{g/cm^3}$。
4. 圆周率 π 按 3.1415 计算。
5. 两轴线的夹角 α 为 15°。

特殊字符输入

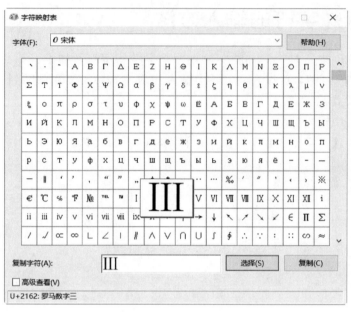

图 10-18 特殊字符表

第 11 章

表　格

> **学习导引**
>
> 通过本章的学习，掌握设置表格样式，包括设置数据、列标题和标题样式；创建表格方法以及如何编辑表格和表格单元。
> 创建表格分为三个步骤：新建表格样式、创建表格和编辑表格。

11.1 新建表格样式

在 AutoCAD 中，表格样式命令是 TABLESTY（缩写 TS），在命令栏输入该命令后，再按回车键确认，或者通过菜单栏中选择"格式（O）"→"表格样式（B）"命令，即可创建表格样式。

（1）在菜单栏中选择"格式（O）"→"表格样式（B）"命令，打开【表格样式】对话框。单击"新建"按钮，在弹出的【创建新的表格样式】对话框中的"新样式名"栏中输入"长江公司的表格"，在"基础样式"下拉列表中选择"Standard"作为表格样式，如图 11-1 所示。

图 11-1　在"新样式名"栏中输入"长江公司的表格"

（2）单击"继续"按钮，弹出【新建表格样式】对话框，在"单元样式"栏中选择"标题"，选择"常规"选项卡，在"填充颜色"栏中选择绿，在"对齐"栏中选择"正中"，单击"格式（O）"栏右边的 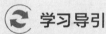，在下拉菜单中选择"文字"，在"类型"栏中选择"标签"，在"页边距"栏中，将"水平"设为 2，"垂直"设为 2，如图 11-2 所示。

（3）选择"文字"选项卡，在"文字样式"栏中选择 Standard，在"文字高度"栏中设为 8，在"文字颜色"栏中选择红，在"文字角度"栏中输入 0，如图 11-3 所示。

（4）单击"文字样式（S）"栏右边的 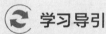，在"字体"栏中选取"宋体"。

（5）选择"边框"选项卡，在"线宽"栏中选择 0.30mm，在"线型"栏中选择 Continuous，在"颜色"栏中选择黑，如图 11-4 所示。

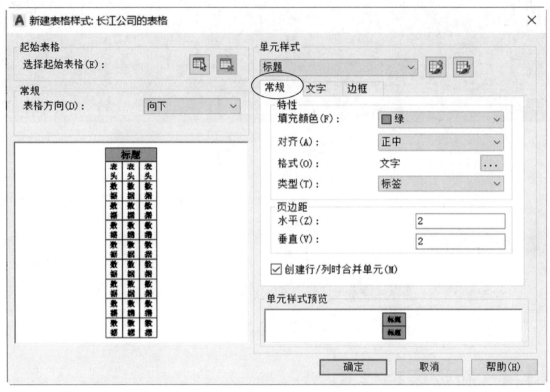

图 11-2 设定"常规"选项卡

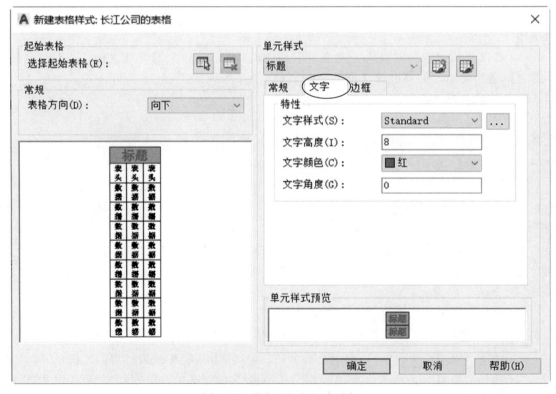

图 11-3 设定"文字"选项卡

图 11-4 设定"边框"选项卡

（6）在【新建表格样式】对话框的"单元样式"栏中选择"表头"，按上述的方法设置"常规""文字"和"边框"。

（7）在【新建表格样式】对话框的"单元样式"栏中选择"数据"，按上述的方法设置"常规""文字"和"边框"。

11.2 创建表格

在创建表格样式后，即可按样式创建表格，具体步骤如下。

（1）在菜单栏中选择"绘图（D）"→"表格"命令，打开【插入表格】对话框。在"表格样式"选项组中选择"长江公司的表格"样式。

（2）在"插入选项"选项组中，选择"从空表格开始"单选框。

（3）在"插入方式"选项组中，选择"指定插入点"单选按钮（提示：可以在绘图窗口中的某点插入固定大小的表格，如果选择"指定窗口"单选按钮，可以在绘图窗口中通过拖动表格边框来创建任意大小的表格）。将"列数"设为 6，"列宽"设为 25，"数据行数"设为 5，"行高"设为 2，"第一行单元样式"设为"标题"，"第二行单元样式"设为"表头"，"所有其他行单元样式"设为"数据"，如图 11-5 所示。

（4）单击"确定"按钮，创建一个表格，其中第一行是标题栏，第二行是表头栏，第三行开始是数据栏，如图 11-6 所示。

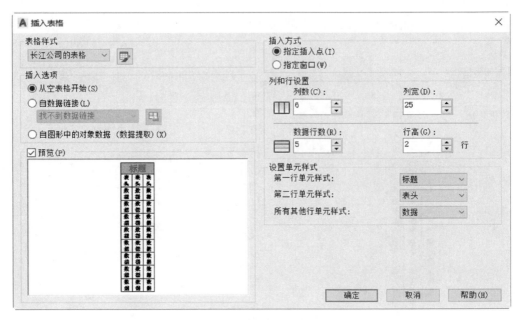

图 11-5　设定【插入表格】对话框

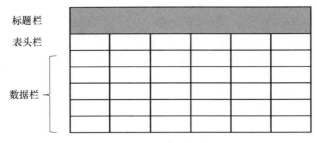

图 11-6　创建表格

11.3　编辑表格单元

（1）在表格中输入文本，如图 11-7 所示。

（2）调宽"规格"所在的列，步骤如下：选中"规格"所在的单元格，单元格周围出现 4 个小方块，这个小方块称为夹点，拖动夹点，使"规格"所在列变宽。

（3）采用相似的方法，调整其他单元格的宽度，如图 11-8 所示。

（4）在左上角的"1"所在的单元格按下鼠标左键，然后拖动鼠标到右下角的"个"所在的单元格，选取虚线框中所有的单元格，如图 11-9 所示。

（5）单击鼠标右键，在下拉菜单中选取"行"→"均匀调整行大小"命令，所有行的高度均匀，如图 11-10 所示。

（6）再次选取图 11-9 所示的单元格，在"表格"工具栏中选择"正中"，如图 11-11 所示。

（7）所有的文本调整到单元格的正中位置，如图 11-12 所示。

图 11-7 在表格中输入文本

图 11-8 调整其他单元格的宽度

图 11-9 选取虚线框中所有的单元格

图 11-10 所有行的高度均匀

图 11-11 在"表格"工具栏中选择"正中"

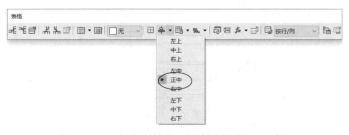

图 11-12 文本调整到单元格的正中位置

(8) 选择"欧姆龙"所在的单元格,在弹出的"表格"工具栏中选择"在下方插入行"命令,如图 11-13 所示。

图 11-13　选择"在下方插入行"命令

(9) 在表格的下方插入一行空白行,如图 11-14 所示。
(10) 在空白行中输入一行文本,如图 11-15 所示。

电子元器件明细表					
序号	供应商	名称	规格	数量	单位
1	西门子	转换开关	3SB6160-2AA10-1BA0	1	个
2	西门子	按钮开关	3SB6160-0AB40-1BA0	1	个
3	西门子	断路器	5SJ6247CR	9	台
4	西门子	断路器	5SJ6216CR	1	台
5	欧姆龙	继电器底座	MY4N-JDC24V	4	个

图 11-14　在表格的下方插入空白行

电子元器件明细表					
序号	供应商	名称	规格	数量	单位
1	西门子	转换开关	3SB6160-2AA10-1BA0	1	个
2	西门子	按钮开关	3SB6160-0AB40-1BA0	1	个
3	西门子	断路器	5SJ6247CR	9	台
4	西门子	断路器	5SJ6216CR	1	台
5	欧姆龙	继电器底座	MY4N-JDC24V	4	个
6	欧姆龙	继电器	MY4N-JDC24V	4	个

图 11-15　在空白行中输入一行文本

(11) 选择"单位"所在的单元格,在弹出的"表格"工具栏中选择"在右侧插入列"命令,在表格的右侧插入两列空白列,并输入"单价"和"总价",如图 11-16 所示。

电子元器件明细表							
序号	供应商	名称	规格	数量	单位	单价	总价
1	西门子	转换开关	3SB6160-2AA10-1BA0	1	个	10.15	
2	西门子	按钮开关	3SB6160-0AB40-1BA0	1	个	8.05	
3	西门子	断路器	5SJ6247CR	9	台	5.13	
4	西门子	断路器	5SJ6216CR	1	台	6.12	
5	欧姆龙	继电器底座	MY4N-JDC24V	4	个	8.16	
6	欧姆龙	继电器	MY4N-JDC24V	4	个	9.18	

图 11-16　在表格的右侧插入空白列

(12) 选择右侧的 6 个数据单元格,再单击右键,在下拉菜单中选择"数据格式"命令,如图 11-17 粗线所示。

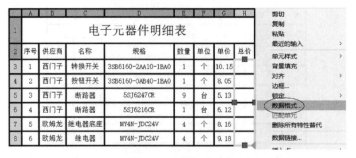

图 11-17　选择 6 个数据单元格,再选择"数据格式"命令

（13）弹出【表格单元格式】对话框，在"数据类型"栏中选择"小数"，在"格式（O）"栏中选择"小数"，在"精度"栏中选择"0.00"，如图11-18所示。

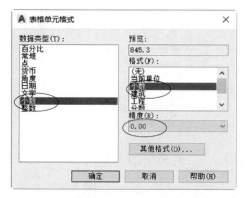

图 11-18　设定【表格单元格式】对话框

（14）单击"确定"按钮，退出【表格单元格式】对话框。
（15）在右上角的单元格中输入"＝E3＊G3"，如图11-19所示。

图 11-19　在右上角的单元格中输入"＝E3＊G3"

（16）单击"确定"后，即可自动算出该产品的总价。
（17）采用相同的方法，算出其他产品的总价，如图11-20所示。

图 11-20　自动算出总价

注意：在AutoCAD的表格中，列号用A、B、C…表示，因此，第一列称为A列，第二列称为B列，…，行号用1、2、3…表示，第一行称为第1行，第二行称为第2行，…，在图11-20中，"转换开关"所在的单元格为"C3"，"9"所在的单元格为"E5"。

11.4 插入 Excel 表格

在利用 AutoCAD 绘图时，往往需要插入材料明细表等各种表格，有些表格甚至很复杂，如果在 AutoCAD 里编辑，会感觉很麻烦，效率很低。如果将这些表格在 Excel 中编辑好，然后插入到 AutoCAD 中，就会提高工作效率。下面详细介绍在 AutoCAD 中插入 Excel 表格的步骤。

（1）先在 Excel 中创建一个电气 BOM 表格，如图 11-21 所示，并保存。

	A	B	C	D	E	F	G	H
1	序号	名称	型号/图号/规格	品牌	单位	数量	单价	总价
2	1	绿色指示灯	TN2P1GL	天得	PCS	2.00		
3	2	红色指示灯	TN2P1RL	天得	PCS	2.00		
4	3	橙色指示灯	TN2P1OL	天得	PCS	2.00		
5	4	断路器	DZ47-2P_25A	正泰	PCS	1.00		
6	5	断路器	DZ47-2P_3A	正泰	PCS	1.00		

图 11-21　先在 Excel 中创建电气 BOM 表格

（2）在 AutoCAD 菜单栏中选择"绘图（D）"→"表格"命令，在【插入表格】对话框中选择"自数据链接"单选框，并单击"启动数据链接管理器对话框"按钮，如图 11-22 所示。

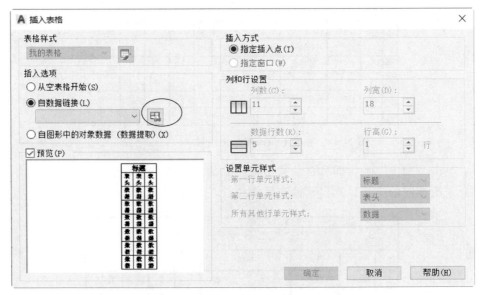

图 11-22　选择"自数据链接"单选框

（3）在【选择数据链接】对话框中选择"创建新的 Excel 数据链接"，如图 11-23 所示。

图 11-23　选择"创建新的 Excel 数据链接"

(4) 在【输入数据链接名称】对话框中的名称栏中输入"电气 BOM 表",作为 AutoCAD 中表格的名称,如图 11-24 所示。

图 11-24 输入一串字符

(5) 单击"确定"按钮,并找到刚才创建的 Excel 表格。
(6) 单击 3 次"确定"按钮,将表格插入 CAD 界面中。
(7) 在 Excel 中对表格的内容进行修改,如图 11-25 所示。

图 11-25 在 Excel 中对表格的内容进行修改

(8) 在 AutoCAD 中,选择表格,单击右键,在快捷菜单中选择"更新表格数据链接"命令,AutoCAD 中表格的数据也相应进行更新。

 项目实战

先在 Excel 中作出图 11-26 所示的电气工程图标题栏,然后导入 AutoCAD 中。

Excel 表格导入
AutoCAD 中(1)

图 11-26 电气工程图标题栏

 巩固练习

先在 Excel 中作出图 11-27 所示的四大名著简介,然后导入 AutoCAD 中。

书名	作者	简介
红楼梦	曹雪芹	中国古典小说文学难以逾越的高峰,国人不可不读的经典。
水浒传	施耐庵	中国第一部描写农民起义的鸿篇巨帙,古代白话小说的旷世杰作。
三国演义	罗贯中	中国古典章回小说的开山鼻祖,古代演义的扛鼎之作。
西游记	吴承恩	中国古典神话小说的巅峰巨著,浪漫主义的杰出代表。

图 11-27 四大名著简介

Excel 表格导入
AutoCAD 中(2)

第12章

使用块、属性块

> **学习导引**
>
> 通过本章的学习,掌握创建与编辑块、编辑和管理属性块的方法。

12.1 块

电路图形中有大量相同或相似的内容(比如二极管、电容、电阻等),可以将要重复绘制的图形创建成块(也称为图块),并根据需要为块创建属性,指定块的名称、用途及设计者等信息,在需要时直接插入它们,从而提高绘图效率。以电铃符号为例,如图 12-1 所示,详细说明在 AutoCAD 中创建块的过程。

图 12-1 电铃符号

(1)创建块

① 在菜单栏中选择"绘图(D)"→"块(K)"→"创建(M)"命令,打开【块定义】对话框,在"名称"栏中输入"电铃",并单击"拾取点"按钮,如图 12-2 所示。

图 12-2 设定【块定义】对话框

② 在电铃的图形上选择一个基准点,如图 12-3 所示。

③ 在【块定义】对话框中单击"选择对象"按钮，然后选择电铃的图素。

④ 单击"确定"按钮，即创建块。

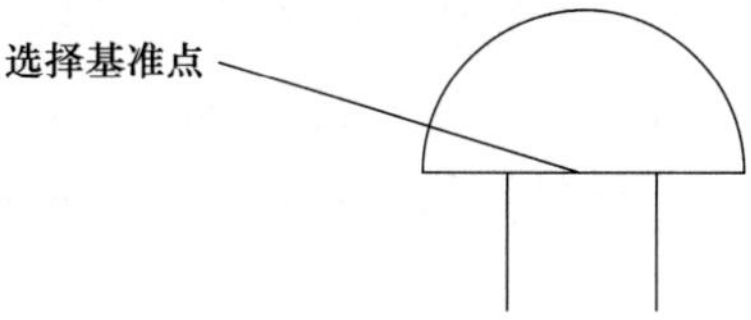

(2) 等比例插入块

① 在菜单栏中选择"插入（I）"→"块选项板（B）"命令，打开【插入】对话框，在"插入选项"栏中选择"统一比例"，将"比例"设为 1，"旋转角度"为 0°，如图 12-4 所示。

② 在绘图区中选择一点，可以将电铃插入 AutoCAD 中。

(3) 不等比例插入块

① 在菜单栏中选择"插入（I）"→"块选项板（B）"命令，打开【插入】对话框，在"插入选项"栏中将"统一比例"设为 2，"旋转角度"设为 90°，如图 12-5 所示。

图 12-3 选择基准点

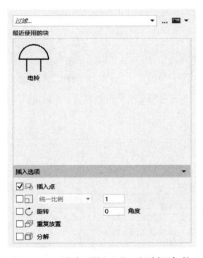

图 12-4 设定【插入】对话框参数

图 12-5 设定【插入】对话框参数

② 在绘图区中选择一点，将电铃按放大 2 倍，旋转 90°插入 AutoCAD 中，如图 12-6 所示。

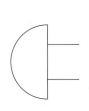

图 12-6 按不等比例插入

图 12-7 设定【写块】对话框

第 12 章 使用块、属性块

(4) 存储块

在命令栏中执行 WBLOCK 命令，打开【写块】对话框，可以将块以 *.dwg 文件的形式写入磁盘。例如，将上一步创建的电铃图块文件，保存在桌面，如图 12-7 所示。

12.2 图块属性

图块除了包含图形对象以外，还可以具有非图形信息，例如将电铃的图形定义为图块后，还可将电铃的功率、电压等文本信息一起加入图块当中。图块中的这些非图形信息，称为图块的属性，它是图块的一个组成部分，与图形对象一起构成一个整体，在插入图块时，AutoCAD 将图形对象连同属性一起插入图形中。现在以滑动电阻符号为例，详细介绍图块属性的创建和使用过程。

(1) 绘制一个滑动电阻符号，如图 12-8 所示。

图 12-8 绘制滑动电阻符号

(2) 选择"绘图（D）"→"块（K）"→"定义属性（D）"命令，弹出【属性定义】对话框，在"标记"栏中输入功率，在"提示"栏中输入"请输入电阻的功率："，在"默认"栏中输入"20W"，在"对正"栏中选择"左对齐"，在"文字样式"栏中选择 Standard，将"文字高度"设为 1，"旋转"设为 0，选中"在屏幕上指定（O）"复选框，如图 12-9 所示。

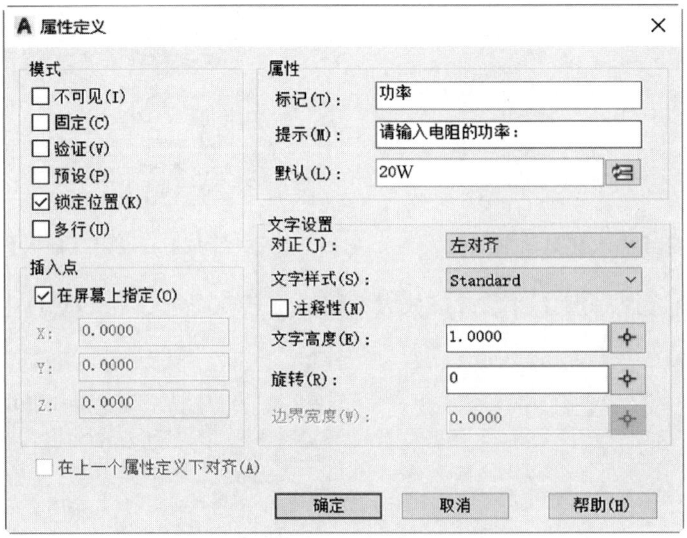

图 12-9 设定【属性定义】对话框

(3) 单击"确定"按钮，在滑动电阻符号中输入"功率"两字，如图 12-10 所示。

图 12-10 在滑动电阻符号中输入"功率"两字

(4) 在菜单栏中选择"绘图（D）"→"块（K）"→"创建（M）"命令，打开【块定义】对话框,在"名称"栏中输入"滑动电阻符号",并单击"拾取点"按钮,如图12-11所示。

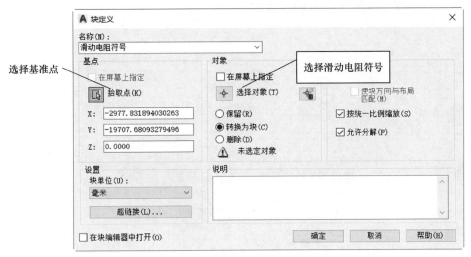

图 12-11 设定【块定义】对话框

(5)选择滑动电阻符号左边水平线的左边端点为基准点,如图12-12所示。

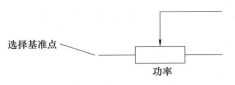

图 12-12 选择基准点

(6)在【块定义】对话框中单击"选择对象"按钮,再选择滑动电阻的符号和"功率"两字。

(7)单击"确定"按钮,弹出【编辑属性】对话框,默认的功率值为"20W",如图12-13所示。

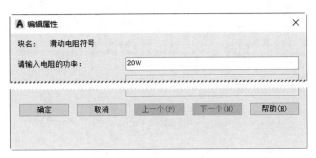

图 12-13 【编辑属性】对话框

(8)单击"确定"按钮,滑动电阻符号上的"功率"两字变成"20W",如图12-14所示。

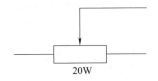

图 12-14 滑动电阻符号上的"功率"两字变成"20W"

(9)在菜单栏中选择"插入(I)"→"块选项板(B)"命令,打开【插入】对话框,将"比例"设为1,"旋转角度"设为90°,如图12-15所示。

图12-15 将"比例"设为1,"旋转角度"设为90°

(10)选择滑动电阻符号,再在【编辑属性】对话框中将滑动电阻值改为10W,如图12-16所示。

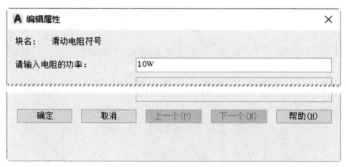

图12-16 将滑动电阻值改为10W

(11)单击"确定"按钮,创建一个滑动电阻符号,如图12-17所示。

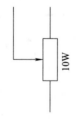

图12-17 创建滑动电阻符号

项目实战

先绘制电容、电阻、三极管、二极管的符号,并将这几种符号分别定义成块,然后绘制

图 12-18 所示的卡笛电路图。

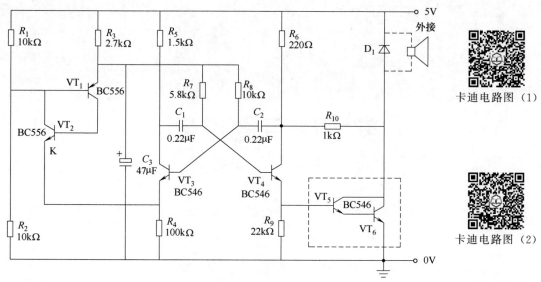

图 12-18　卡笛电路图

第13章 典型电气图绘制

> **学习导引**
>
> 本章主要讲述机械电气控制图、电子通信线路图等电气图的识读与绘制。要求运用"捕捉和栅格"功能、属性块功能绘制下列电路原理图。

13.1 电子通信线路图绘制

以图 13-1 所示的湖面 LED 投光灯电路图为例,详细说明用 AutoCAD 绘制电气图的过程。

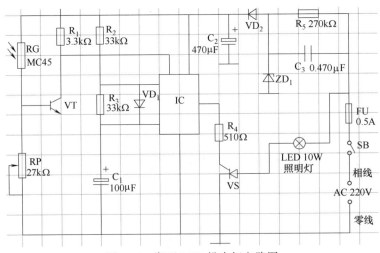

图 13-1　湖面 LED 投光灯电路图

(1) 建立新文件

① 启动 AutoCAD 2020 软件,自动创建一个空白文件,在快速访问工具栏中单击下拉菜单按钮,在下拉菜单中选择"显示菜单栏"命令,选择"文件"菜单,选择"新建"命令,在【选择样板】对话框中单击"打开(O)"旁边的▼符号,选择"无样板打开-公制(M)"命令。

② 在快速访问工具栏中单击"保存"按钮,将其保存为"湖面 LED 投光灯电路图"。

(2) 设置工具栏

① 选择"工具"菜单，选择"选项板"→"功能区"命令，取消快捷菜单。

② 选择"工具"菜单，选择"工具栏"→"AutoCAD"命令，在快捷菜单中选中"修改""图层""工作空间""标准""样式""特性""绘图""绘图次序"等命令，调出这些工具栏，并放置在绘图区的合适位置。

（3）设置图层

在菜单栏中选择"格式（O）"→"图层（L）"命令，在【图层特性管理器】对话框中单击"新建图层"按钮，创建线路、电气元件、文字等图层，并将线路图层设为当前图层，如图 13-2 所示。

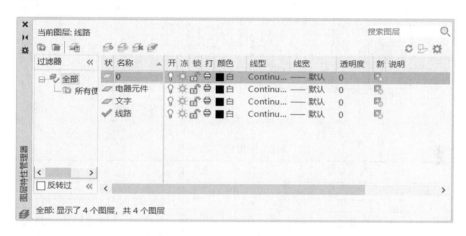

图 13-2　创建线路、电气元件、文字等 3 个图层

（4）设置栅格与捕捉

将栅格间距设为 10mm，捕捉间距设为 5mm，步骤如下。

命令:GRID✓

指定栅格间距(X) 或 [开(ON)/关(OFF)/捕捉(S)/主(M)/自适应(D)/界限(L)/跟随(F)/纵横向间距(A)]＜0.0000＞：10✓　　　　　　　　//设定栅格间距为10mm

指定栅格间距(X) 或 [开(ON)/关(OFF)/捕捉(S)/主(M)/自适应(D)/界限(L)/跟随(F)/纵横向间距(A)]＜10.0000＞：ON✓　　　　　　　　//打开栅格功能

命令:SN✓　　　　　　　　　　　　　　　　　　　　　　　　　　　//Snap 的缩写

指定捕捉间距或 [打开（ON)/关闭（OFF)/纵横向间距（A)/传统（L)/样式（S)/类型(T)]＜0.0000＞:ON✓　　　　　　　　　　　　　　　　　//打开捕捉间距功能

命令:SN✓　　　　　　　　　　　　　　　　　　　　　　　　　　　//Snap 的缩写

指定捕捉间距或 [打开（ON)/关闭（OFF)/纵横向间距（A)/传统（L)/样式（S)/类型(T)]＜0.0000＞:5✓

（5）绘制线路

打开栅格与捕捉模式，再用直线命令绘制线路图，如图 13-3 所示。

（6）绘制电气元件

经分析，在图 13-1 所示的湖面 LED 投光灯电路图中，共有 12 种电气元件，对于这些电气元件的符号，同样也是在栅格和捕捉下绘制，为了更精确地绘制电气元件的符号，将栅格间距设为 1mm，捕捉间距设为 0.5mm，所绘制的电气符号如表 13-1 所示。

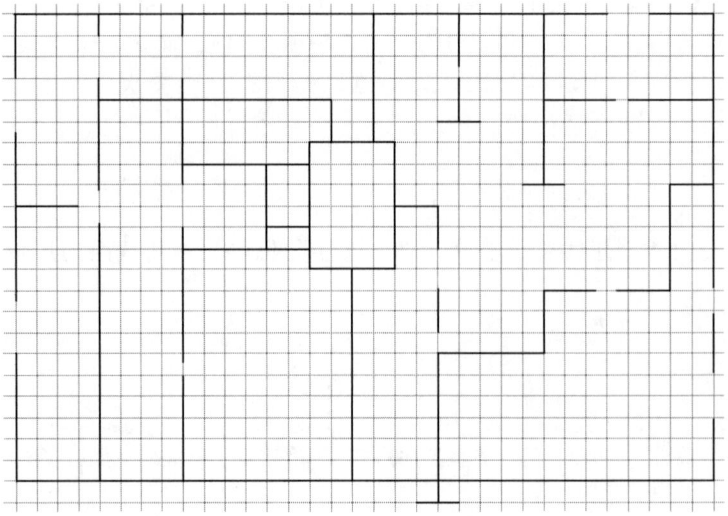

图 13-3　绘制线路图

表 13-1　常用电气元件符号

名称	电气元件符号	名称	电气元件符号
保险丝	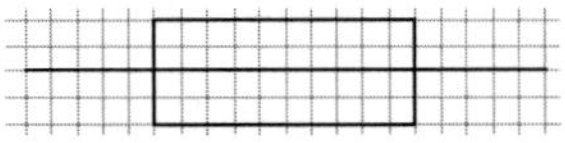	电阻	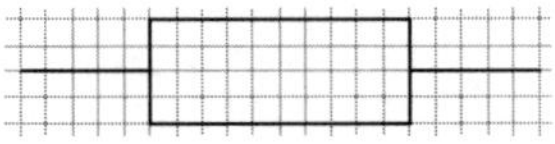
滑动电阻	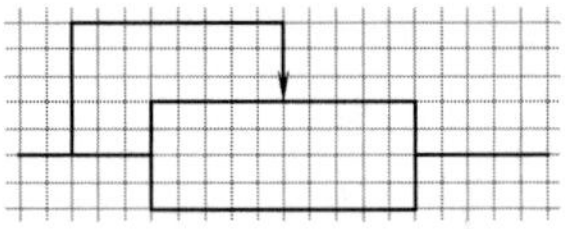	光敏电阻	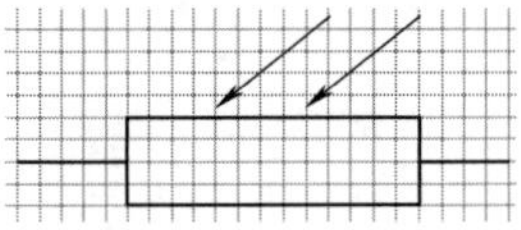
电解电容	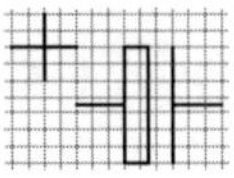	稳压管	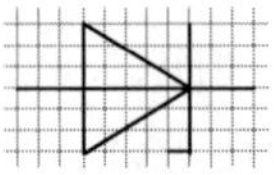
开关	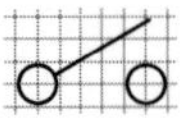	晶闸管	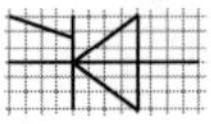
信号灯	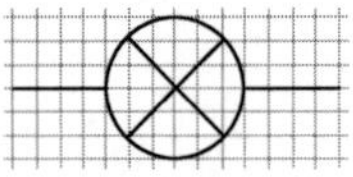	三极管	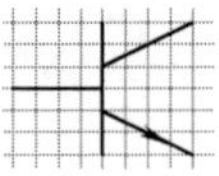
二极管	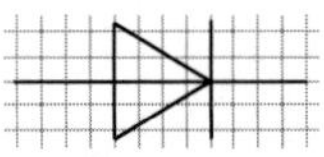	电容	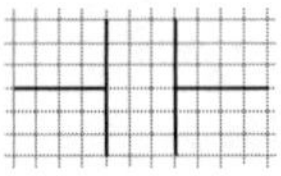

（7）定义图块属性

在第 12 章中以滑动电阻符号为例，讲解了图块属性的过程，这里以电解电容符号为例，再次讲解图块属性的创建和使用。

① 打开栅格和捕捉，绘制一个电解电容符号，如图 13-4 所示。

② 在菜单栏中选择"绘图（D）"→"块（K）"→"定义属性（D）"命令，弹出【属性定义】对话框，在"标记"栏中输入"电解电容"，在"提示"栏中输入"请输入电解电容的容量："，在"默认"栏中输入"100μF"，在"对正"栏中选择"左对齐"，在"文字样式"栏中选择Standard，将"文字高度"设为1，"旋转"设为0，选中"在屏幕上指定(O)"复选框，如图13-5所示。

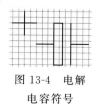

图13-4 电解电容符号

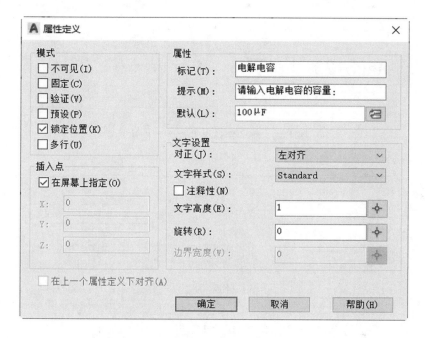

图13-5 设定【属性定义】对话框

③ 单击"确定"按钮，将鼠标放到电解电容符号旁边，就会出现"电解电容"四个字，如图13-6所示。在某些情况下也会出现"????"，如图13-7所示。

图13-6 出现"电解电容"四个字

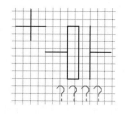

图13-7 出现"????"

④ 将"????"更改为汉字的方法是在命令栏中输入"Style"，在"文字样式"对话框中，将"字体名"改为"楷体"，如图13-8所示，或者其他汉字字体（比如宋体）。

⑤ 再双击"????"，"????"将会更改为汉字。

⑥ 在菜单栏中选择"绘图（D）"→"块（K）"→"创建（M）"命令，打开【块定义】对话框，在"名称"栏中输入"电解电容符号"，并单击"拾取点"按钮，如图13-9所示。

⑦ 选择电解电容符号左边水平线的左边端点为基准点，如图13-10所示。

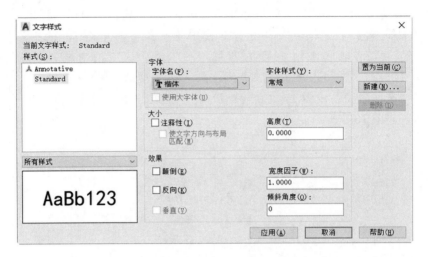

图 13-8 将"字体名"改为"楷体"

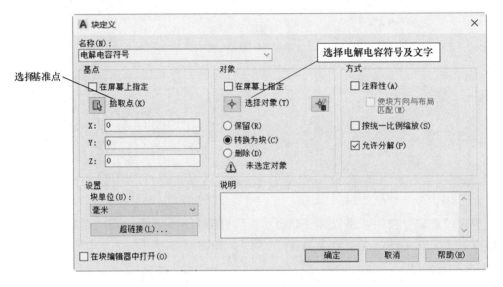

图 13-9 设定【块定义】对话框

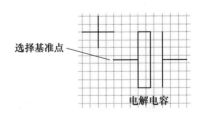

图 13-10 选择基准点

⑧ 在【块定义】对话框中单击"选择对象"按钮,再选择电解电容符号和"电解电容"四个字。

⑨ 单击"确定"按钮,弹出【编辑属性】对话框,默认值为"100μF",如图 13-11 所示。

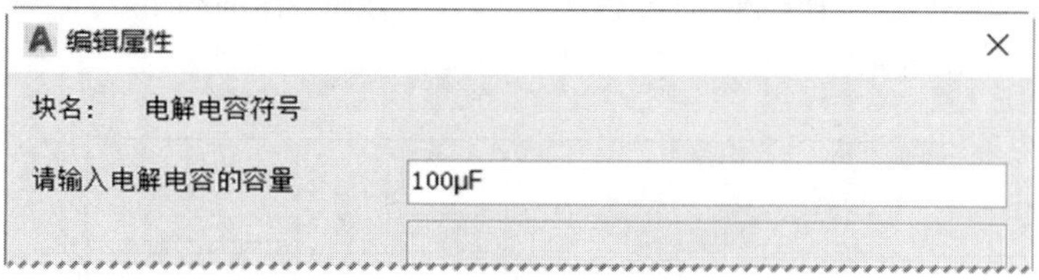

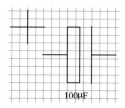

图 13-11 【编辑属性】对话框

⑩ 单击"确定"按钮,电解电容符号上的"电解电容"四个字变成"$100\mu F$",如图 13-12 所示。

图 13-12 "电解电容"四个字变成"$100\mu F$"

⑪ 在菜单栏中选择"插入(I)"→"块选项板(B)"命令,打开【插入】对话框,将"比例"设为 1,"旋转角度"设为 90,如图 13-13 所示。

图 13-13 将"比例"设为 1,"旋转角度"设为 90

⑫ 在【插入】对话框选择电解电容符号,将其插入到指定的位置,再在【编辑属性】对话框中将电解电容值改为 $470\mu F$,如图 13-14 所示。

图 13-14 将电解电容值改为 $470\mu F$

第 13 章 典型电气图绘制 139

⑬ 单击"确定"按钮，在线路图上插入第一个电解电容的符号，并自动标上该电解电容的容量，如图 13-15 所示。

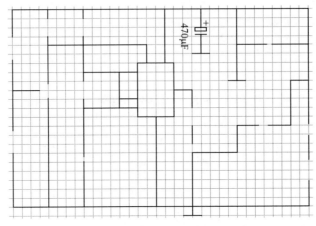

图 13-15　插入第一个电解电容的符号

⑭ 采用相同的方法，插入其他电气符号，最后完成的图形如图 13-1 所示。

13.2　机械电气控制图绘制

以图 13-16 所示的数控车床电路图为例，以另外一种用 AutoCAD 绘制电气图的方法，详细说明电气图的绘制过程。

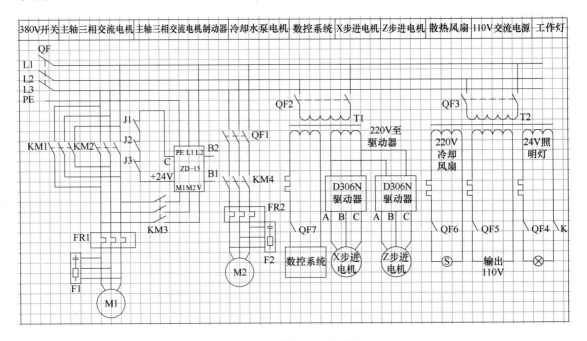

图 13-16　数控车床电路图

(1) 建立新文件

① 打开上一节所绘制的湖面 LED 投光灯电路图。在快速访问工具栏中单击"另存为"

按钮 ![icon], 将其另存为"数控车床电路图"。

② 删除全部图素,步骤如下。

命令:E↙

选择对象:all↙

↙

将所有图素全部删除后,变成空白的 AutoCAD 界面,但继承了上一个图的图层等要素。

(2) 双绕组变压器符号的画法

经分析,在图 13-16 所示的数控车床电路图中,共有 6 种电气元件,对于这些电气元件的符号,同样也是在栅格和捕捉下绘制,为了更精确地绘制电气元件的符号,将栅格间距设为 1mm,捕捉间距设为 0.5mm,下面以双绕组变压器为例,讲解变压器符号的绘制过程。

① 将栅格间距设为 1mm,捕捉间距设为 0.5mm,步骤如下。

命令:GRID↙

指定栅格间距(X) 或 [开(ON)/关(OFF)/捕捉(S)/主(M)/自适应(D)/界限(L)/跟随(F)/纵横向间距(A)] <0.0000>: 1↙   //设定栅格间距为 1mm

指定栅格间距(X) 或 [开(ON)/关(OFF)/捕捉(S)/主(M)/自适应(D)/界限(L)/跟随(F)/纵横向间距(A)] <10.0000>: ON↙   //打开栅格功能

命令:SN↙   //Snap 的缩写

指定捕捉间距或 [打开(ON)/关闭(OFF)/纵横向间距(A)/传统(L)/样式(S)/类型(T)] <0.0000>:ON↙   //打开捕捉间距功能

命令:SN↙   //Snap 的缩写

指定捕捉间距或 [打开(ON)/关闭(OFF)/纵横向间距(A)/传统(L)/样式(S)/类型(T)] <0.0000>:0.5↙   //设定捕捉间距为 0.5mm

② 绘制一个半圆,步骤如下。

a. 在菜单栏中选择"绘图 (D)"→"圆弧 (A)"→"三点 (P)"命令,在一个方格内绘制第一个半圆弧,如图 13-17 所示。

b. 采用相同的方法,绘制其他半圆,如图 13-18 所示。

(3) 再绘制直线,如图 13-19 所示。

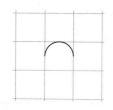 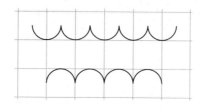 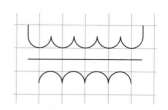

图 13-17 绘制半圆　　　　图 13-18 绘制其他半圆　　　　图 13-19 绘制直线

(4) 绘制其他电气元件符号

采用相同的方法,绘制其他电气元件符号,如表 13-2 所示。

表 13-2　常用电气元件符号

名称	电气元件符号	名称	电气元件符号
双绕组变压器		三相闸刀开关	
三极热继电器		电灯	
常闭触点		常开触点	

(5) 绘制线路

打开栅格与捕捉模式，将栅格间距设为 1mm，捕捉间距设为 1mm，再用直线命令绘制线路图，如图 13-20 所示。

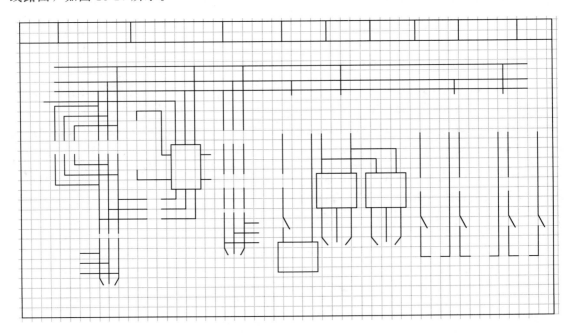

图 13-20　绘制线路图

(6) 复制电气符号

采用复制的方法，将电气符号复制到指定位置，最后完成的图形如图 13-21 所示。

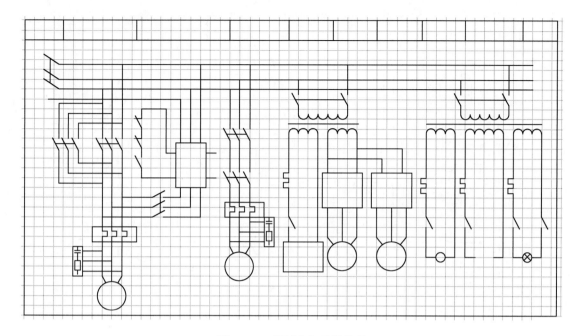

图 13-21 复制电气元件符号

（7）输入"主轴三相交流电机"，如图 13-22 所示。

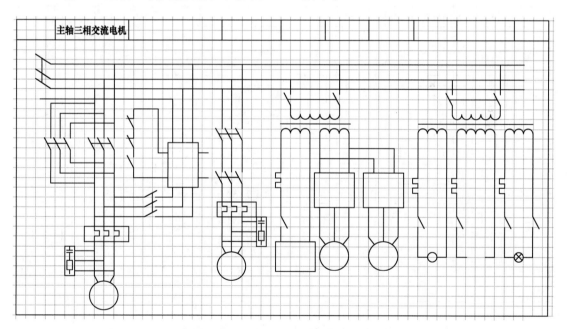

图 13-22 输入"主轴三相交流电机"

（8）将"主轴三相交流电机"文本复制到其他位置，如图 13-23 所示。
（9）在命令栏中输入"ddedit"，将"主轴三相交流电机"改成"主轴三相交流电机制动器"，如图 13-24 所示。
（10）采用相同的方法，输入其他文字，如图 13-16 所示。

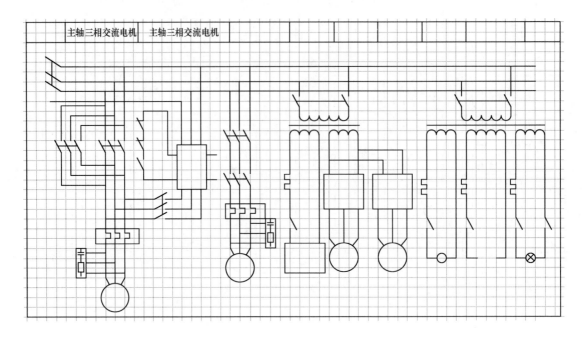

图 13-23 将"主轴三相交流电机"文本复制到其他位置

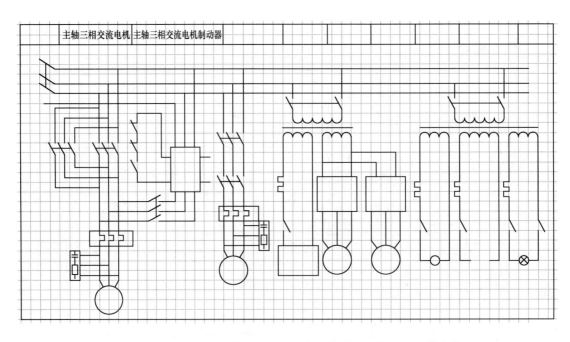

图 13-24 将"主轴三相交流电机"改成"主轴三相交流电机制动器"

项目实战

绘制图 13-25～图 13-27 所示电路图。

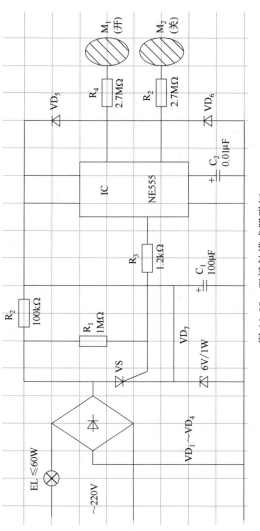

图 13-25 双键触摸式照明灯

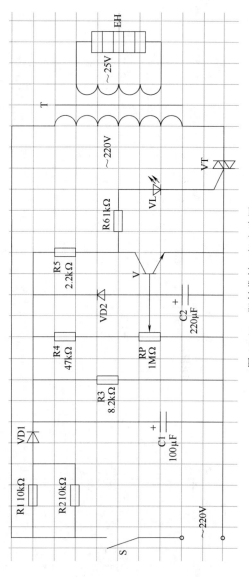

图 13-26 塑料袋封口机电路图

双键触摸式照明灯

塑料袋封口机

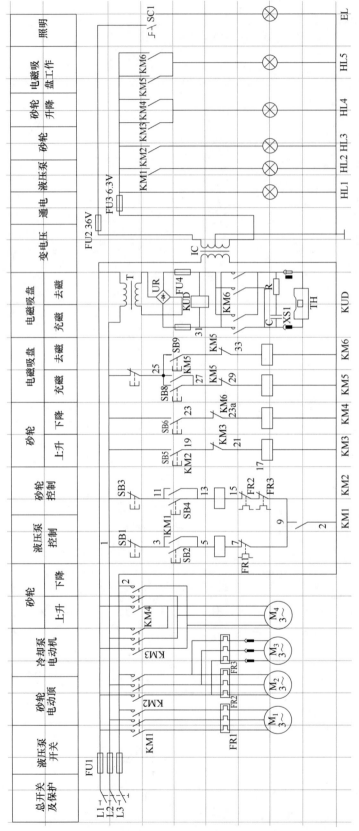

图 13-27 M7120 型平面磨床电气控制电路图(提示:将 GRID 设为 10mm,SNAP 设为 1mm)

绘制 M7120 型平面磨床电气控制电路

第14章

多线绘图入门与建筑电气图绘制

 学习导引

多线是一种由平行线组成的图形元素。在建筑平面图中,有时需要设计照明电路或工业用电的线路,此时需要绘制墙体、道路等。

本章学习多线绘图的基本知识,掌握绘制多线的操作过程,学习建筑电气图绘制。

14.1 多线的基本画法

多线的绘制方法与直线类似,不同的是多线由多条线性相同的平行线组成。绘制的每一条多线都是一个完整的整体,不能对其进行偏移、延伸和修剪等编辑操作,只能将其分解为多条直线后才能编辑。下面以绘制图14-1所示图形为例,绘制多线的步骤如下。

在命令栏中输入 Mline↙

MLINE 指定起点或[对正(J)比例(S)样式(ST)]:J↙

输入对正类型[上(T)/无(Z)/下(B)]<上>:Z↙   //输入"T",表示多线最上面的线随着光标移动,输入"Z",表示多线的中心线随着光标移动,输入"B",表示多线最下面的线随着光标移动

MLINE 指定起点或[对正(J)比例(S)样式(ST)]:S↙

MLINE 输入多线比例<0.00>:20↙   //软件默认两条直线之间的距离为1mm,比例设为20mm,则多线的两条直线之间的距离为20mm

MLINE 指定起点或[对正(J)比例(S)样式(ST)]:50,50↙

MLINE 指定下一点:450,50↙

MLINE 指定下一点:450,250↙

MLINE 指定下一点:50,250↙

MLINE 指定下一点:C↙

↙

MLINE 指定起点或[对正(J)比例(S)样式(ST)]:0,150↙

MLINE 指定下一点:500,150↙

MLINE 指定下一点:↙

这样就在绘图区中用多线绘制了一个矩形和一条直线，如图 14-1 所示。

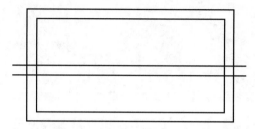

图 14-1 用多线绘制一个矩形和一条直线

双击多线，在弹出的【多线编辑工具】对话框中单击"十字打开"按钮，如图 14-2 所示。

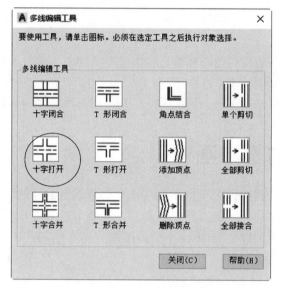

图 14-2 单击"十字打开"按钮

再选择竖直多线和多线矩形，矩形与直线的交点处被打断，如图 14-3 所示。

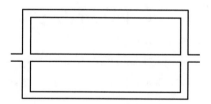

图 14-3 矩形与直线的交点处被打断

14.2 建筑电气图绘制

14.2.1 绘制建筑平面图

绘制建筑平面图，如图 14-4 所示。

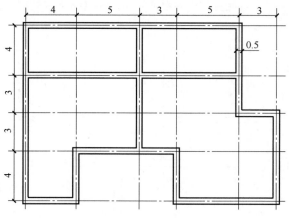

图 14-4　建筑平面图

（1）启动 AutoCAD 2020，并切换到 AutoCAD 经典界面。
（2）先按要求设置图层，见表 14-1。

表 14-1　图层设置

层名	颜色	线型	线宽	绘制内容
双线	白色（white）	Continous	0.3	双线
中心线	红色（red）	ISO04W100	0.13	中心线
标注	绿色（green）	Continous	0.13	尺寸标注

（3）先将中心线图层设为当前图层，用中心线绘制基本图形，如图 14-5 所示。

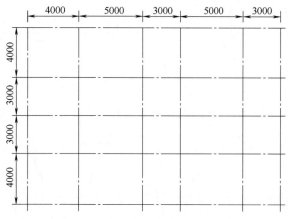

图 14-5　先用中心线绘制基本图形

（4）再将双线图层设为当前图层，然后用多线命令绘制图形，按如下步骤操作。
命令：Mline↙
MLINE 指定起点或[对正(J)比例(S)样式(ST)]：S↙
MLINE 输入多线比例<0.00>：500↙
MLINE 指定起点或[对正(J)比例(S)样式(ST)]：J↙
MLINE 输入对正类型[上(T)无(Z)下(B)]<上>：Z↙
沿着图 14-5 中所绘中心线的交点绘制多线，按图 14-6（a）和图 14-6（b）顺序绘制。

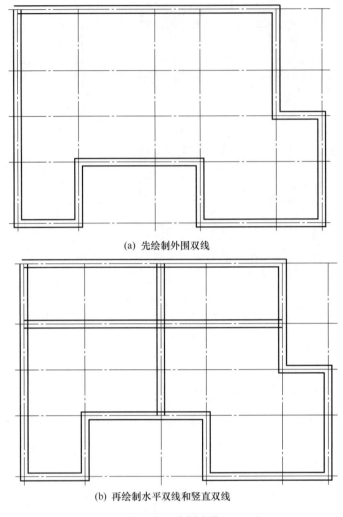

(a) 先绘制外围双线

(b) 再绘制水平双线和竖直双线

图 14-6　绘制多线

（5）先双击多线，再对多线图形的交点形状进行整理，如图 14-7 所示。

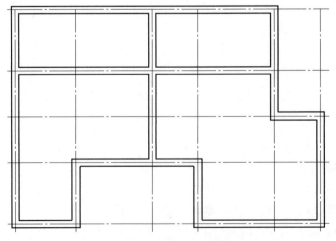

图 14-7　对多线图形的交点形状进行整理

（6）在菜单栏中选择"标注"→"线性尺寸"命令，标注两条中心线之间的尺寸。

（7）在菜单栏中选择"修改"→"特性"命令，选中标注，在"特性"栏中将"箭头1"和"箭头2"设为"建筑标记"，"箭头大小"设为2，"标注全局比例"设为300，"调整"设为"最佳效果"，"标注线性比例"设为0.001，如图14-8所示。

（8）标注竖直尺寸，如图14-9所示。（在建筑设计中，单位为"米"）

（9）在菜单栏中选择"标注"→"连续"命令，选择另外两条中心线，标注竖直的连续尺寸，如图14-10所示。

（10）采用相同的方法，标注水平的连续尺寸。

（11）在菜单栏中选择"标注"→"线性尺寸"命令，标注多线之间的距离，如图14-4中的"0.5"所示。

图14-8 设定标注参数

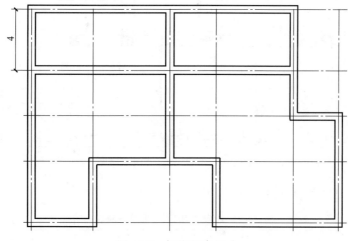

图14-9 标注竖直尺寸

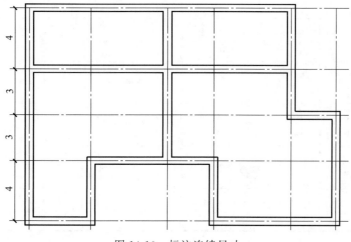

图14-10 标注连续尺寸

14.2.2 设计办公室电路图

绘制某办公楼室内电路图,如图14-11所示。

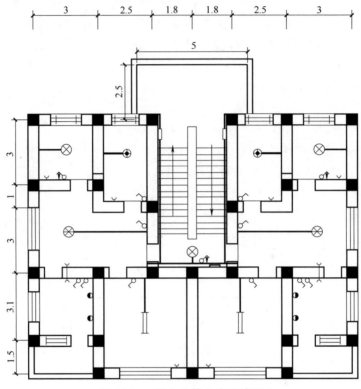

图 14-11 某办公楼室内电路图

(1)绘制常用室内照明电路的符号,如表14-2所示。

表 14-2 绘制常用室内照明电路符号

名称	电气符号	名称	电气符号
电度表	Wh	单极单控开关	○╱
日光灯	▭	单极控线开关	○╱↓
白炽灯	⊗	单极延时开关	○╱t
小花灯	⊗	电源插座	∪
壁灯	◐	吸顶灯	⊕
配电箱	▭		

(2)创建墙体多线的样式。

① 在菜单栏中选择"格式（O）"→"多线样式（M）"命令，在弹出的【多线样式】对话框中单击"新建"按钮。

② 在弹出的【创建新的多线样式】对话框中，将"新样式名"设为"墙体"，"基础样式"选择"STANDARD"，如图 14-12 所示。

图 14-12 将"新样式名"设为"墙体"，"基础样式"选择"STANDARD"

③ 单击"继续"按钮，在【新建多线样式：墙体】对话框中，勾选"起点"和"端点"，如图 14-13 所示。

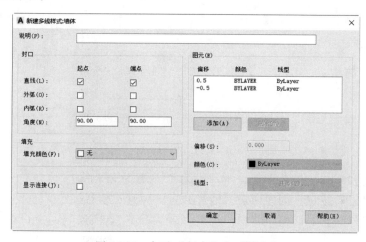

图 14-13 勾选"起点"和"端点"

④ 单击"确定"按钮，创建名称为"墙体"的多线样式。

⑤ 在【多线样式】对话框中将墙体样式"置为当前"，所绘制的多线两端用直线封闭，如图 14-14 所示。

（3）创建窗户多线的样式。

① 在菜单栏中选择"格式（O）"→"多线样式（M）"命令，在弹出的【多线样式】对话框中单击"新建"按钮。

② 在弹出的【创建新的多线样式】对话框中，将"新样式名"设为"窗户"，"基础样式"选择"墙体"，如图 14-15 所示。

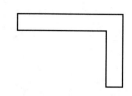

图 14-14 所绘制的多线
两端用直线封闭

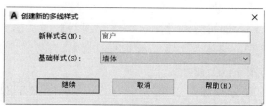

图 14-15 将"新样式名"设为"窗户"，
"基础样式"选择"墙体"

③ 单击"继续"按钮,在【新建多线样式:窗户】对话框中,勾选"起点"和"端点",再单击"添加(A)"按钮,将"偏移"设置为 0.15,如图 14-16 所示。

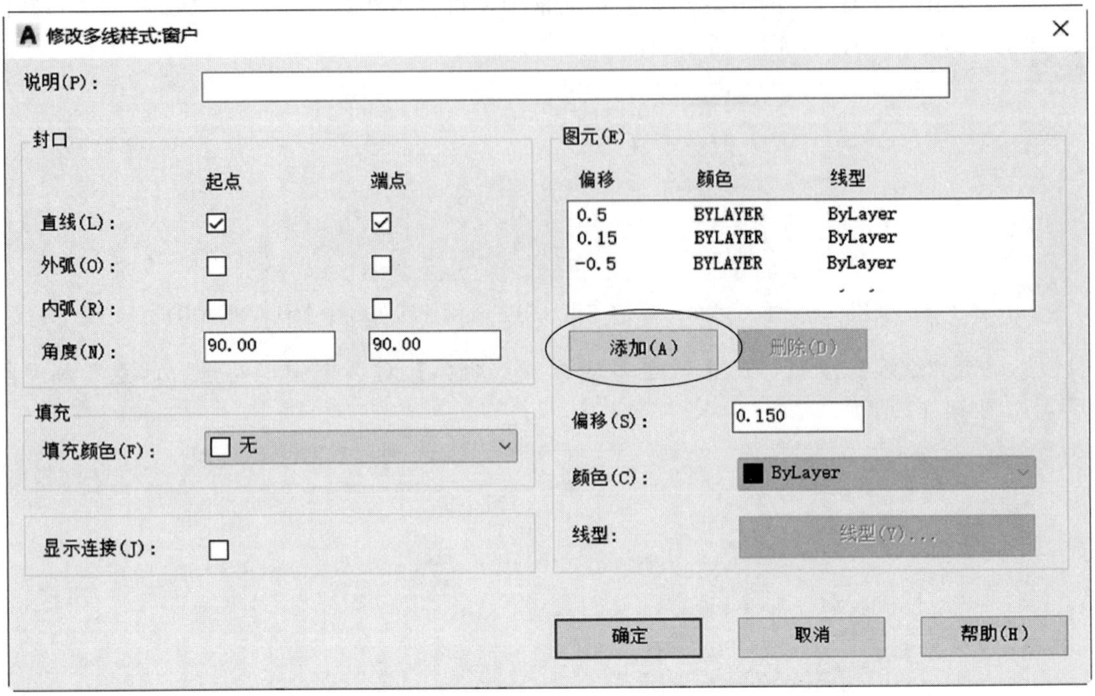

图 14-16 再单击"添加(A)"按钮,将"偏移"设置为 0.15

④ 再次单击"添加(A)"按钮,将"偏移"设置为 -0.15。
⑤ 单击"确定"按钮,创建窗户多线样式。
⑥ 在【多线样式】对话框中将窗户样式"置为当前",所绘制的窗户多线有 4 条线,如图 14-17 所示。

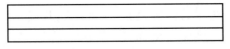

图 14-17 窗户多线

(4) 绘制办公楼电路图。
① 创建新文件。选择"文件"菜单,选择"新建"命令,在【选择样板】对话框中单击"打开(O)"旁边的▼符号,选择"无样板打开-公制(M)"命令,将名称设为"办公楼电路图"。
② 建立图层。在菜单栏中选择"格式(O)"→"图层(L)"命令,或者在命令栏中输入"LA",即可打开【图层特性管理器】对话框,创建标注、窗户、中心线、照明线路、阳台、门框、墙体、文字、承重柱、楼梯等图层,并设置不同的颜色和线型,线宽统一为默认,如图 14-18 所示。
③ 绘制墙体中心线。
将中心线图层设为当前图层,线型比例设为 100,并绘制中心线,如图 14-19 所示。
④ 绘制墙体线

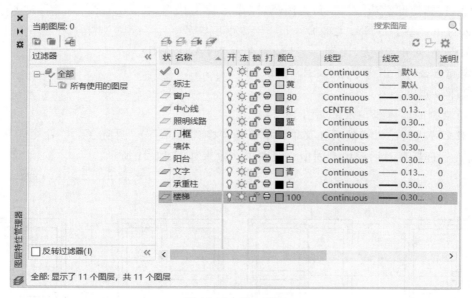

图 14-18　建立图层

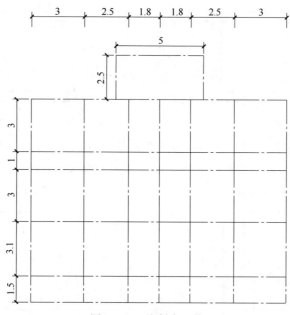

图 14-19　绘制中心线

a. 将墙体图层设为当前图层，执行 Mline 命令，多线比例设为 0.5，多线名称设置为 "墙体"，将 "对正类型" 设置为 Z。

命令：Mline

指定起点或［对正(J)/比例(S)/样式(ST)］:ST✓

输入多线样式名或［?］：　墙体✓

当前设置：对正 = 无,比例 = 0.500,样式 = 墙体✓

MLINE 指定起点或［对正(J)比例(S)样式(ST)］:S✓

MLINE 输入多线比例＜0.00＞:0.5✓

MLINE 指定起点或[对正(J)比例(S)样式(ST)]:J↙
输入对正类型[上(T)/无(Z)/下(B)]<无>: Z
当前设置:对正 = 无,比例 = .50,样式 = STANDARD
指定起点或[对正(J)/比例(S)/样式(ST)]:
指定下一点:

b. 所绘制的墙体线，效果如图14-20所示。

c. 对多线进行编辑，然后在菜单栏中选择"格式（O）"→"图层（L）"命令，在打开的【图层特性管理器】对话框中关闭中心线图层，效果如图14-21所示。

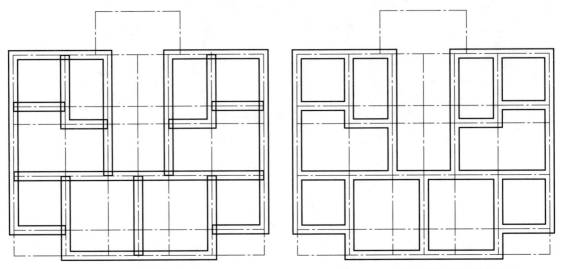

图14-20 所绘制的墙体　　　　　　　图14-21 对多线进行编辑后的效果

⑤ 绘制门框线。将门框图层设为当前图层，绘制门框线，如图14-22所示。
执行Trim命令，对门框线进行修剪，如图14-23所示。

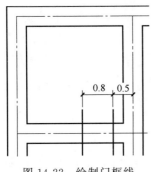 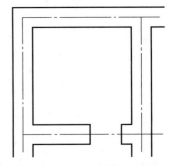

图14-22 绘制门框线　　　　　　　图14-23 对门框线进行修剪

采用相同的方法，绘制其他位置的门框线，如图14-24所示。

⑥ 绘制窗户线。

a. 将窗户图层设为当前图层，执行Mline命令，多线比例设为240，多线名称设置为"窗户"，将"对正类型"设置为Z。

命令:Mline↙
指定起点或[对正(J)/比例(S)/样式(ST)]:ST↙

输入多线样式名或[?]：窗户↙

当前设置：对正 = 无，比例 = 240.00,样式 = 窗户↙

MLINE 指定起点或[对正(J)比例(S)样式(ST)]:S↙

MLINE 输入多线比例<0.00>:240↙

MLINE 指定起点或[对正(J)比例(S)样式(ST)]:J↙

输入对正类型［上(T)/无(Z)/下(B)］<无>： Z

当前设置：对正 = 无，比例 = 240.00,样式 = STANDARD

指定起点或［对正(J)/比例(S)/样式(ST)］：

指定下一点：

b. 所绘制的窗户线如图 14-25 所示。

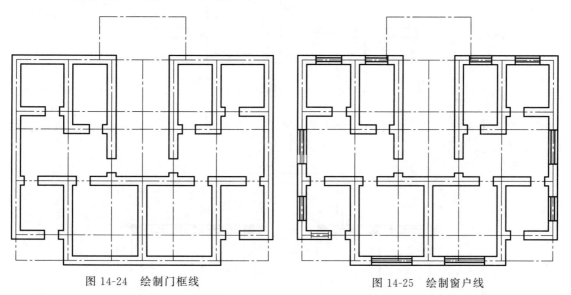

图 14-24　绘制门框线　　　　　　　图 14-25　绘制窗户线

⑦ 绘制阳台线。

a. 将阳台图层设为当前图层，执行 Mline 命令，多线比例设为 0.5，多线名称设置为"阳台"，将"对正类型"设置为 B。

命令：Mline

指定起点或［对正(J)/比例(S)/样式(ST)］:ST↙

输入多线样式名或[?]： 阳台↙

当前设置：对正 = 无，比例 = 0.500,样式 = 阳台↙

MLINE 指定起点或[对正(J)比例(S)样式(ST)]:S↙

MLINE 输入多线比例<0.00>:0.25↙

MLINE 指定起点或[对正(J)比例(S)样式(ST)]:J↙

输入对正类型［上(T)/无(Z)/下(B)］<无>： B

当前设置：对正 = 下，比例 = .50,样式 = STANDARD

指定起点或［对正(J)/比例(S)/样式(ST)］：

指定下一点：

b. 所绘制的阳台线如图 14-26 所示。

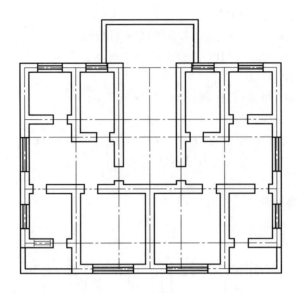

图 14-26　绘制阳台线

⑧ 绘制承重柱。将承重柱图层设为当前图层，在墙角处绘制矩形，并用 solid 图案填充，如图 14-27 所示。

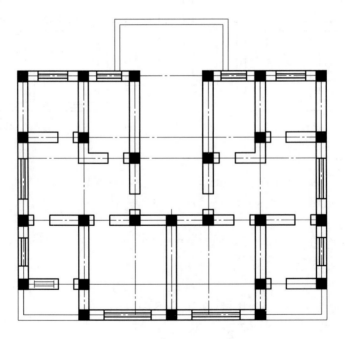

图 14-27　绘制承重柱

⑨ 绘制楼梯。将楼梯图层设为当前图层，绘制楼梯，如图 14-28 所示。

⑩ 设计照明线路。

a. 设计照明灯具布局。将照明线路图层设为当前图层，并对照明灯具进行布局，如图 14-29 所示。（日光灯图案与窗户符号有点类似，有的日光灯安装在墙壁上，其位置与窗户的位置重叠，因此在布局照明灯具时，最好是隐藏窗户图层，以避免混淆。）

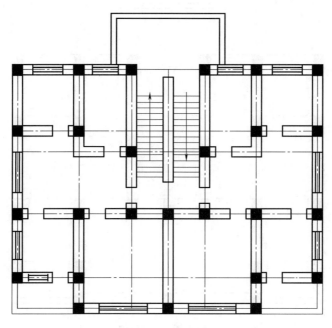

图 14-28　绘制楼梯

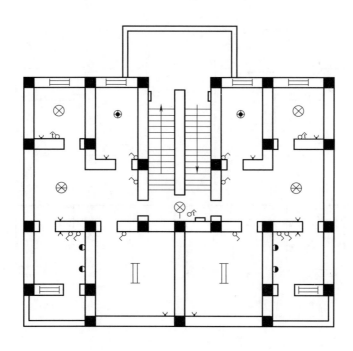

图 14-29　设计照明灯具布局

b. 设计照明线路。用直线将各灯具连接起来，如图 14-30 所示。

c. 显示照明线路图。隐藏其他图层，只显示照明图层，效果如图 14-31 所示。至此，电路图绘制完成，如图 14-11 所示。

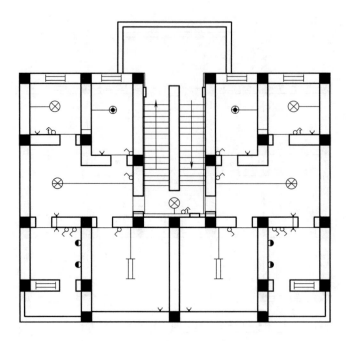

图 14-30 用直线将各灯具连接起来

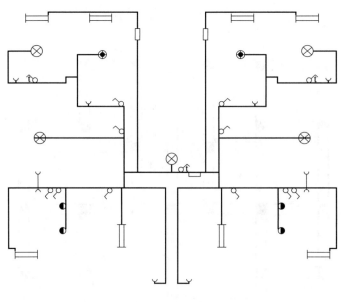

图 14-31 电路图

项目实战

1. 用多线绘制图 14-32 所示的图形。

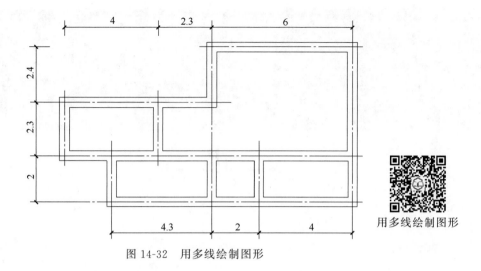

图 14-32 用多线绘制图形

2. 绘制建筑电气图,如图 14-33 所示。

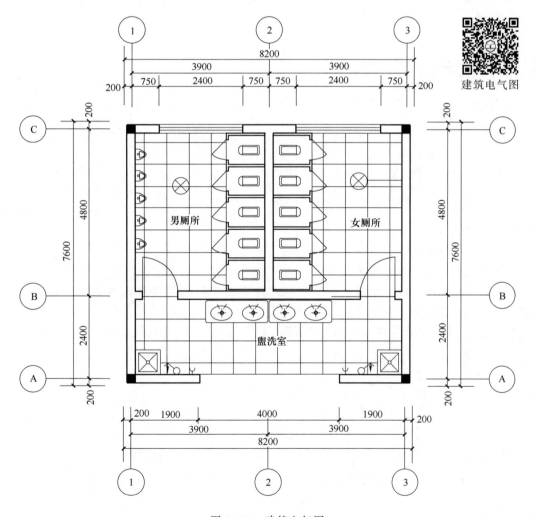

图 14-33 建筑电气图

第15章

三维实体

> **学习导引**
>
> 在 AutoCAD 中，可以创建长方体、球体、圆柱体等基本立体；或通过拉伸、旋转二维图像形成三维实体或曲面；或利用布尔运算构建复杂模型。

15.1 绘制基本实体

15.1.1 长方体

绘制长方体的步骤如下。

(1) 打开 AutoCAD 软件，在菜单栏中选择"工具（T）"→"工具栏"→"AutoCAD"命令，在下拉菜单中选择"视图""视觉样式"和"三维导航"三个选项，调出这三个工具栏。

(2) 在菜单栏中选择"绘图（D）"→"建模（M）"→"长方体（B）"命令，或者在命令栏中输入：BOX↙

指定第一个角点或 [中心(C)]：0,0,0↙

指定其他角点或 [立方体(C)/长度(L)]：10,5,3↙

(3) 在菜单栏中选择"视图（V）"→"三维视图（D）"→"东南等轴测（E）"命令，所绘制的长方体显示隐藏线，如图 15-1（a）所示。

(4) 在菜单栏中选择"视图（V）"→"消隐（H）"命令，消除隐藏线后如图 15-1（b）所示。

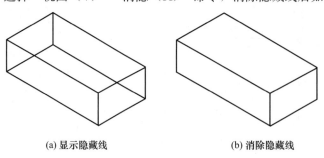

(a) 显示隐藏线　　　　　　　　(b) 消除隐藏线

图 15-1　长方体

(5) 在"三维导航"工具栏中单击"动态"按钮，如图 15-2 所示，再在工作区中按住鼠标左键，可以任意旋转长方体的视角。

图 15-2　单击"动态"按钮

命令：SHA

输入选项 [二维线框(2)/线框(W)/隐藏(H)/真实(R)/概念(C)/着色(S)/带边缘着色(E)/灰度(G)/勾画(SK)/X 射线(X)/其他(O)] <二维线框>：S

执行效果为着色显示。

命令：SHA

输入选项 [二维线框(2)/线框(W)/隐藏(H)/真实(R)/概念(C)/着色(S)/带边缘着色(E)/灰度(G)/勾画(SK)/X 射线(X)/其他(O)] <二维线框>：2

执行效果为线条显示。

15.1.2　楔体

绘制楔体的步骤如下。

（1）在菜单栏中选择"绘图（D）"→"建模（M）"→"楔体（W）"命令，或者在命令栏中输入：WEDGE↙

指定第一个角点或 [中心(C)]：10,20,0↙

指定其他角点或 [立方体(C)/长度(L)]：L↙

指定长度 <0.0000>：20↙

指定宽度 <0.0000>：10↙

指定高度或 [两点(2P)] <0.0000>：5↙

（2）在菜单栏中选择"视图（V）"→"三维视图（D）"→"东南等轴测（E）"命令，所绘制的楔体如图 15-3 所示。

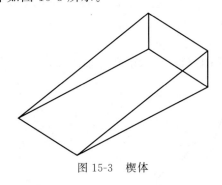

图 15-3　楔体

图 15-4　球体

15.1.3　球体

绘制球体的步骤如下。

（1）在菜单栏中选择"绘图（D）"→"建模（M）"→"球体（S）"命令，或者在命令栏中输入：SPHERE↙

指定中心点或 [三点(3P)/两点(2P)/切点、切点、半径(T)]：5,10,15↙

指定半径或 [直径(D)]：8↙

（2）在菜单栏中选择"视图（V）"→"三维视图（D）"→"东南等轴测（E）"命令，所绘制的球体如图 15-4 所示。

15.1.4　圆柱体

绘制圆柱体的步骤如下。

（1）在菜单栏中选择"绘图（D）"→"建模（M）"→"圆柱体（C）"命令，或者在命令栏中输入：CYLINDER✓

指定底面的中心点或[三点(3P)/两点(2P)/切点、切点、半径(T)/椭圆(E)]：5,5,5✓
指定底面半径或［直径(D)］＜0.0000＞：3✓
指定高度或［两点(2P)/轴端点(A)］＜0.0000＞：10✓

（2）在菜单栏中选择"视图（V）"→"三维视图（D）"→"东南等轴测（E）"命令，所绘制的圆柱体如图 15-5 所示。

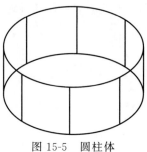

图 15-5　圆柱体

15.1.5　圆锥体

绘制圆锥体的步骤如下。

（1）在菜单栏中选择"绘图（D）"→"建模（M）"→"圆锥体（O）"命令，或者在命令栏中输入：CONE✓

指定底面的中心点或[三点(3P)/两点(2P)/切点、切点、半径(T)/椭圆(E)]：1,1,1✓
指定底面半径或［直径(D)］＜0.0000＞：5✓
指定高度或［两点(2P)/轴端点(A)］＜0.0000＞：30✓

（2）在菜单栏中选择"视图（V）"→"三维视图（D）"→"东南等轴测（E）"命令，所绘制的圆锥体如图 15-6 所示。

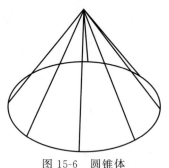

图 15-6　圆锥体

15.1.6　圆台体

绘制圆台体的步骤如下。

(1) 在菜单栏中选择"绘图（D）"→"建模（M）"→"圆锥体（O）"命令，或者在命令栏中输入：CONE✓

指定底面的中心点或［三点(3P)/两点(2P)/切点、切点、半径(T)/椭圆(E)］:3,5,8✓
指定底面半径或［直径(D)］<0.0000>:15✓
指定高度或［两点(2P)/轴端点(A)/顶面半径(T)］<0.0000>:T✓
指定顶面半径<0.0000>:10✓
指定高度或［两点(2P)/轴端点(A)］<0.0000>:12✓

(2) 在菜单栏中选择"视图（V）"→"三维视图（D）"→"东南等轴测（E）"命令，所绘制的圆台体如图 15-7 所示。

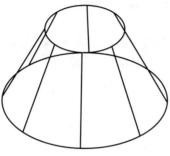

图 15-7 圆台体

15.1.7 棱锥体

绘制棱锥体的步骤如下。

(1) 在菜单栏中选择"绘图（D）"→"建模（M）"→"棱锥体（Y）"命令，或者在命令栏中输入：PYRAMID✓

指定底面的中心点或［边(E)/侧面(S)］:S✓
输入侧面数<4>:5✓
指定底面的中心点或［边(E)/侧面(S)］:5,5,5✓
指定底面半径或［内接(I)］<0.0000>:I✓
指定底面半径或［内接(I)］<0.0000>:10✓
指定高度或［两点(2P)/轴端点(A)/顶面半径(T)］<0.0000>:15✓

(2) 在菜单栏中选择"视图（V）"→"三维视图（D）"→"东南等轴测（E）"命令，所绘制的五棱锥体如图 15-8 所示。

图 15-8 五棱锥体

15.1.8 棱台体

绘制棱台体的步骤如下。

(1) 在菜单栏中选择"绘图 (D)"→"建模 (M)"→"棱锥体 (Y)"命令，或者在命令栏中输入：PYRAMID↙

指定底面的中心点或 [边(E)/侧面(S)]：S↙
输入侧面数 <5>：6↙
指定底面的中心点或 [边(E)/侧面(S)]：8,8,8↙
指定底面半径或 [内接(I)] <68.2129>：10↙
指定高度或 [两点(2P)/轴端点(A)/顶面半径(T)] <116.9838>：T↙
指定顶面半径 <4.3211>：5↙
指定高度或 [两点(2P)/轴端点(A)] <116.9838>：6↙

(2) 在菜单栏中选择"视图 (V)"→"三维视图 (D)"→"东南等轴测 (E)"命令，所绘制的棱台体如图 15-9 所示。

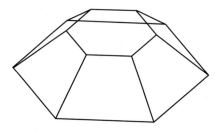

图 15-9　棱台体

15.1.9 圆环体

绘制圆环体的步骤如下。

(1) 在菜单栏中选择"绘图 (D)"→"建模 (M)"→"圆环体 (T)"命令，或者在命令栏中输入：TORUS↙

指定中心点或 [三点(3P)/两点(2P)/切点、切点、半径(T)]：6,6,6↙
指定半径或 [直径(D)] <5.0000>：30↙
指定圆管半径或 [两点(2P)/直径(D)] <2.0000>：3↙

(2) 在菜单栏中选择"视图 (V)"→"三维视图 (D)"→"东南等轴测 (E)"命令，所绘制的圆环体如图 15-10 所示。

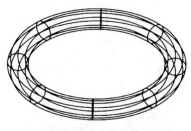

图 15-10　圆环体

15.1.10 多段体

绘制多段体的步骤如下。
(1) 在菜单栏中选择"绘图"→"建模"→"多段体"命令,或者在命令栏中输入:POLY-SOLID↙

指定起点或 [对象(O)/高度(H)/宽度(W)/对正(J)] <对象>: H↙
指定高度 <1.0000>:15↙
指定起点或 [对象(O)/高度(H)/宽度(W)/对正(J)] <对象>: W↙
指定宽度 <1.0000>: 6↙
指定起点或 [对象(O)/高度(H)/宽度(W)/对正(J)] <对象>:J↙
输入对正方式 [左对正(L)/居中(C)/右对正(R)] <居中>: C↙
指定下一个点或 [圆弧(A)/放弃(U)]:

(2) 在屏幕上任意选取若干点,绘制一条多段体,效果如图 15-11 所示。

图 15-11 多段体

15.2 由二维对象生成三维实体

15.2.1 拉伸实体

绘制拉伸实体的步骤如下。
(1) 先绘制一个封闭的二维图形,如图 15-12 所示。

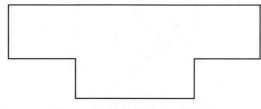

图 15-12 绘制封闭的二维图形

(2) 在菜单栏中选择"绘图(D)"→"面域(N)"命令,选取上述二维图形,单击 Enter 键,创建面域。
(3) 在菜单栏中选择"视图(V)"→"三维视图(D)"→"东南等轴测(E)"命令。
命令:EXTRUDE↙
选择要拉伸的对象或 [模式(MO)]:选择刚才创建的面域
选择要拉伸的对象或 [模式(MO)]:↙

指定拉伸的高度或［方向(D)/路径(P)/倾斜角(T)/表达式(E)］：

拖动鼠标，所创建的拉伸体如图15-13所示。

15.2.2 旋转实体

绘制旋转实体的步骤如下。

（1）先绘制一根轴线和一个封闭的二维图形，如图15-14所示。

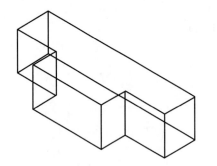

图15-13 创建拉伸体　　　图15-14 绘制一根轴线和一个封闭的二维图形

（2）在菜单栏中选择"绘图（D）"→"面域（N）"命令，选取封闭的二维图形，单击Enter键，创建面域。

（3）在菜单栏中选择"视图（V）"→"三维视图（D）"→"东南等轴测（E）"命令。

命令：REVOLVE✓

选择要旋转的对象或［模式(MO)］：选择面域

选择要旋转的对象或［模式(MO)］：✓

指定轴起点或根据以下选项之一定义轴［对象(O)/X/Y/Z］＜对象＞：选择轴的端点

指定轴端点：选择轴的另一个端点

指定旋转角度或［起点角度(ST)/反转(R)/表达式(EX)］＜360＞：360 ✓

所创建的旋转体如图15-15所示。

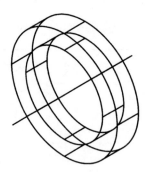

图15-15 创建旋转体

15.3 三维实体的布尔运算

在AutoCAD中，用于实体的布尔运算有并集、差集和交集3种。

15.3.1 并集运算

在菜单栏中选择"修改（M）"→"实体编辑（N）"→"并集（U）"命令，或在"实体编辑"工具栏中单击"并集"按钮，或在命令栏中输入 UNION 命令，就可以将多个实体组合生成一个新实体。例如，先创建两个圆柱体，然后合并成一个新的实体，如图 15-16 所示。

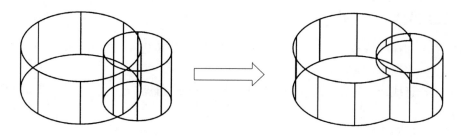

图 15-16　并集运算

15.3.2 差集运算

在菜单栏中选择"修改（M）"→"实体编辑（N）"→"差集（S）"命令，或在"实体编辑"工具栏中单击"差集"按钮，或在命令栏中输入 SUBTRACT 命令，即可从实体中去掉部分实体，从而得到一个新的实体，如图 15-17 所示。

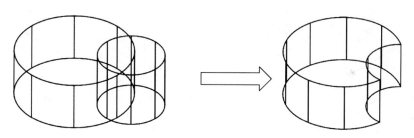

图 15-17　差集运算

15.3.3 交集运算

在菜单栏中选择"修改（M）"→"实体编辑（N）"→"交集"命令（INTERSECT），或在"实体编辑"工具栏中单击"交集"按钮，由各实体的公共部分创建新实体，同时删去原来的实体，如图 15-18 所示。

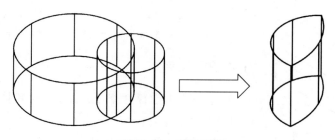

图 15-18　交集运算

15.4 编辑三维实体

可以在创建实体后，再对实体进行编辑，在实体上实现倒角、圆角、抽壳等特征。先创建一个长方体，再进行下列操作。

15.4.1 三维倒角

在菜单栏中选择"修改(M)"→"实体编辑（N)"→"倒角边（C)"命令，或者
命令：CHAMFEREDGE✓
选择第一条直线或［放弃(U)/多段线(P)/距离(D)/角度(A)/修剪(T)/方式(E)/多个(M)］：D✓
指定第一个倒角距离＜1.2000＞：10✓
指定第二个倒角距离＜10.0000＞：5✓
选择第一条直线或［放弃(U)/多段线(P)/距离(D)/角度(A)/修剪(T)/方式(E)/多个(M)］：选择 AB 线段，如图 15-19 所示。
选择边或［环(L)］：✓
所创建的三维倒角效果如图 15-20 所示。

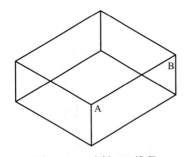

图 15-19　选择 AB 线段

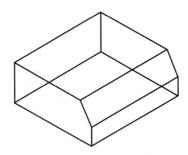

图 15-20　创建三维倒角

15.4.2 三维圆角

在菜单栏中选择"修改（M)"→"实体编辑（N)"→"圆角边（F)"命令，或者
命令：FILLETEDGE✓
选择第一个对象或［放弃(U)/多段线(P)/半径(R)/修剪(T)/多个(M)］：在实体上选择一条边
输入圆角半径或［表达式(E)］＜3.0000＞：10✓
选择边或［链(C)/环(L)/半径(R)］：✓
所创建的三维倒圆角效果如图 15-21 所示。

15.4.3 抽壳

在菜单栏中选择"修改（M)"→"实体编辑（N)"→"抽壳（H)"命令
选择三维实体：选择实体

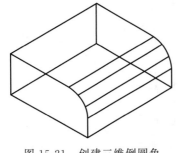

图 15-21　创建三维倒圆角

删除面或［放弃(U)/添加(A)/全部(ALL)］：选择侧面
删除面或［放弃(U)/添加(A)/全部(ALL)］：↙
输入抽壳偏移距离：3↙
所创建的三维抽壳效果如图15-22所示。

15.4.4 剖切实体

在菜单栏中选择"修改（M）"→"三维操作（3）"→"剖切（S）"命令。
选择要剖切的对象：选择实体
选择要剖切的对象：↙
指定切面的起点或［平面对象(O)/曲面(S)/Z轴(Z)/视图(V)/XY(XY)/YZ(YZ)/ZX(ZX)/三点(3)］＜三点＞：选择第一条边线的中点
指定平面上的第二个点：选择第二条边线的中点
在所需的侧面上指定点或［保留两个侧面(B)］＜保留两个侧面＞：选择保留的部分
所创建的剖切效果如图15-23所示。（剖面线是用图案填充的方法绘制）

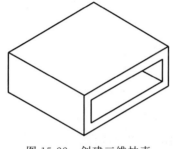
图15-22 创建三维抽壳

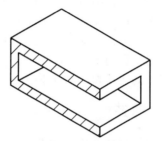
图15-23 创建剖切实体

15.4.5 三维旋转

在菜单栏中选择"修改（M）"→"三维操作（3）"→"三维旋转（R）"命令，或者在命令栏中执行 3DROTATE 命令，选择需要旋转的对象，再旋转基准点，在基准点出现3个圆环（红色圆环的轴线代表X轴，绿色圆环的轴线代表Y轴，蓝色圆环的轴线代表Z轴），如图15-24所示。

选择蓝色的圆环，以Z轴为旋转轴，输入"90"，视角旋转90°，如图15-25所示。

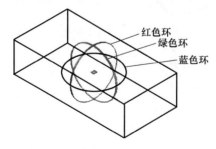
图15-24 在基准点出现3个圆环

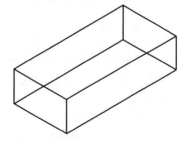
图15-25 视角旋转90°

15.4.6 三维移动

在菜单栏中选择"修改（M）"→"三维操作（3）"→"三维旋转（M）"命令，或者在命令栏中执行 3DMOVE 命令。
命令：3DMOVE↙
选择对象：选择实体
选择对象：↙
指定基点或 [位移(D)] <位移>： 0,0,0↙
指定第二个点或 <使用第一个点作为位移>：8,15,12↙

15.4.7 三维镜像

在菜单栏中选择"修改（M）"→"三维操作（3）"→"三维镜像（D）"命令，或者在命令栏中执行 MIRROR3D 命令。
命令：MIRROR3D↙
选择对象：选择实体
选择对象：↙
指定镜像平面（三点）的第一个点或[对象(O)/最近的(L)/Z 轴(Z)/视图(V)/XY 平面(XY)/YZ 平面(YZ)/ZX 平面(ZX)/三点(3)] <三点>：选取第一个顶点
在镜像平面上指定第二点：选取第二个顶点
在镜像平面上指定第三点：选取第三个顶点
是否删除源对象？[是(Y)/否(N)] <否>：N↙
所创建的三维镜像效果如图 15-26 所示。

15.4.8 对齐

为了便于操作，先创建两个同样大小的长方体，如图 15-27 所示。

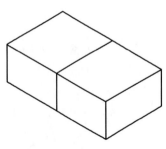

图 15-26 三维镜像

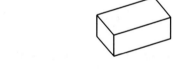

图 15-27 两个实体

在菜单栏中选择"修改（M）"→"三维操作（3）"→"对齐（L）"命令。
选择对象：选择字母 A 所对应的实体
选择对象：↙
指定第一个源点：选择端点 A
指定第一个目标点：选择端点 B
指定第二个源点：选择端点 C
指定第二个目标点：选择端点 D
指定第三个源点：选择端点 E
指定第三个目标点：选择端点 F
执行效果是字母 ACE 所对应的实体移到字母 BDF 所对应的实体上，如图 15-28 所示。

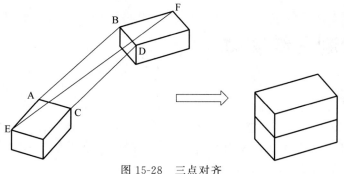

图 15-28 三点对齐

15.4.9 三维对齐

在设计三维图形的过程中，有时候可能需要对齐两个实体的某一平面，此时可以应用三维操作中的三维对齐功能。在开始前，先创建两个长方体，尺寸分别为 40mm×30mm×20mm、40mm×30mm×10mm，如图 15-29 所示。

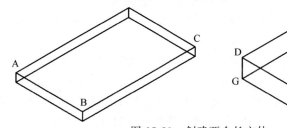

图 15-29 创建两个长方体

在菜单栏中选择"修改（M）"→"三维操作（3）"→"三维对齐（A）"命令。
选择对象：选择 ABC 所对应的长方体
选择对象：↙
指定基点或［复制(C)］：选择 A 点
指定第二个点或［继续(C)］<C>：选择 B 点
指定第三个点或［继续(C)］<C>：选择 C 点
指定目标平面和方向……
指定第一个目标点：选择 D 点
指定第二个目标点或［退出(X)］<X>：选择 E 点
指定第三个目标点或［退出(X)］<X>：选择 F 点
执行效果如图 15-30 所示。
如果目标点依次选择的是 GFE，则执行效果如图 15-31 所示。

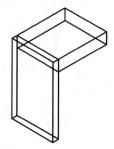

图 15-30 三维对齐（1）

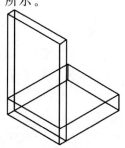

图 15-31 三维对齐（2）

15.5 绘制三维实体

15.5.1 法兰盖

（1）启动 AutoCAD 2020，选择"文件"菜单，选择"新建"命令，在【选择样板】对话框中单击"打开（O）"旁边的▼符号，选择"无样板打开-公制（M）"命令。

（2）绘制第一个圆柱体。

在菜单栏中选择"绘图（D）"→"建模（M）"→"圆柱体（C）"命令，或者在命令栏中输入：CYLINDER↙

指定底面的中心点或[三点(3P)/两点(2P)/切点、切点、半径(T)/椭圆(E)]：0,0,0↙

指定底面半径或［直径(D)］＜0.0000＞：10↙

指定高度或［两点(2P)/轴端点(A)］＜0.0000＞：2↙

（3）绘制第二个圆柱体。

在菜单栏中选择"绘图（D）"→"建模（M）"→"圆柱体（C）"命令，或者在命令栏中输入：CYLINDER↙

指定底面的中心点或[三点(3P)/两点(2P)/切点、切点、半径(T)/椭圆(E)]：0,0,0↙

指定底面半径或［直径(D)］＜0.0000＞：5↙

指定高度或［两点(2P)/轴端点(A)］＜0.0000＞：8↙

所创建的两个圆柱体如图 15-32 所示

（4）在菜单栏中选择"修改（M）"→"实体编辑（N）"→"并集（U）"命令，将两个圆柱体组合生成一个新实体。

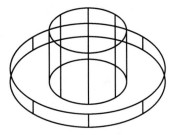

图 15-32 创建两个圆柱体

（5）绘制第三个圆柱体。

在菜单栏中选择"绘图（D）"→"建模（M）"→"圆柱体（C）"命令，或者在命令栏中输入：CYLINDER↙

指定底面的中心点或[三点(3P)/两点(2P)/切点、切点、半径(T)/椭圆(E)]：0,0,0↙

指定底面半径或［直径(D)］＜0.0000＞：4↙

指定高度或［两点(2P)/轴端点(A)］＜0.0000＞：8↙

（6）在菜单栏中选择"修改（M）"→"实体编辑（N）"→"差集（S）"命令，先选择第一个实体，单击 Enter 键，再选择第三个圆柱体，单击 Enter 键，即可从前面创建的实体中去掉第三个实体，实体中间创建一个通孔。

（7）在菜单栏中选择"视图（V）"→"视角样式（S）"→"消隐（H）"命令，消除隐藏线后如图 15-33 所示。

（8）绘制第四个圆柱体。

在菜单栏中选择"绘图（D）"→"建模（M）"→"圆柱体（C）"命令，或者在命令栏中输入：CYLINDER↙

指定底面的中心点或[三点(3P)/两点(2P)/切点、切点、半径(T)/椭圆(E)]：8,0,0↙

指定底面半径或［直径(D)］＜0.0000＞：1↙

指定高度或［两点(2P)/轴端点(A)］＜0.0000＞：4↙

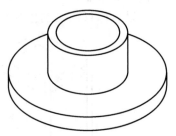

图 15-33 实体中间创建一个通孔，消除隐藏线

所创建的第四个圆柱体如图 15-34 所示。

(9) 三维环形阵列。

在菜单栏中选择"修改（M）"→"三维操作（3）"→"三维阵列（3）"命令，或者在命令栏中执行 3DARRAY 命令。

命令：3DARRAY ↙

选择对象： 选择第四个圆柱体

选择对象：↙

输入阵列类型［矩形(R)/环形(P)］＜R＞：P ↙

输入阵列中项目的数目：4 ↙

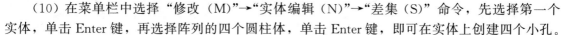

图 15-34　创建第四个圆柱

指定填充角度（＋＝逆时针，－＝顺时针）＜360＞：360 ↙

是否旋转阵列中的对象？［是(Y)/否(N)］＜Y＞：Y ↙

指定阵列的中心点或［基点(B)］:选择上表面的圆心

选择旋转轴上的第二点：选择下表面的圆心

所创建的三维环形阵列效果如图 15-35 所示。

(10) 在菜单栏中选择"修改（M）"→"实体编辑（N）"→"差集（S）"命令，先选择第一个实体，单击 Enter 键，再选择阵列的四个圆柱体，单击 Enter 键，即可在实体上创建四个小孔。

(11) 在菜单栏中选择"视图（V）"→"视角样式（S）"→"消隐（H）"命令，消除隐藏线后如图 15-36 所示。

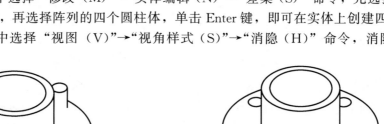

图 15-35　三维环形阵列效果　　　　　　图 15-36　在实体上创建四个小孔

15.5.2　圆管

(1) 启动 AutoCAD 2020，选择"文件"菜单，选择"新建"命令，在【选择样板】对话框中单击"打开（O）"旁边的▼符号，选择"无样板打开-公制（M）"命令。

(2) 绘制直线和倒圆角。

命令：L ↙

指定第一个点:任意选择一点

指定下一点或［放弃(U)］：@100,0,0 ↙

指定下一点或[退出(E)/放弃(U)]：@0,100,0 ↙

指定下一点或[关闭(C)/退出(X)/放弃(U)]：@0,0,100 ↙

指定下一点或[关闭(C)/退出(X)/放弃(U)]：@100,0,0 ↙

指定下一点或[关闭(C)/退出(X)/放弃(U)]：↙

(3) 在菜单栏中选择"视图（V）"→"三维视图（D）"→"东南等轴测（E）"命令，所绘制的直线效果如图 15-37 所示。

(4) 在菜单栏中选择"编辑（M）"→"圆角（F）"命令，在直线的拐角处绘制圆角(R30)，如图 15-38 所示。

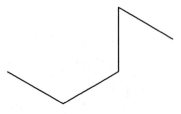
图 15-37 绘制直线

图 15-38 绘制圆角

(5) 在曲线的端点处建立用户坐标系，Z 轴沿直线方向，如图 15-39 所示。

先打开正交模式，再进行以下操作。

命令：UCS↙

UCS 指定 UCS 的原点或[面(F)/命名(NA)/对象(OB)/上一个(P)/视图(V)/世界(W)/X/Y/Z/Z 轴(ZA)]＜世界＞:选择曲线的端点

(6) 在菜单栏中选择"绘图 (D)"→"圆 (C)"命令，绘制一个圆，直径为 20mm，如图 15-40 所示。

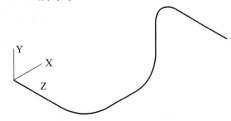
图 15-39 建立用户坐标系

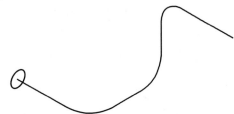
图 15-40 在端点处绘制一个圆

(7) 在菜单栏中选择"绘图 (D)"→"建模 (M)"→"拉伸 (X)"命令，选择圆形，单击 Enter 键后，再选择直线的端点，绘制拉伸实体，如图 15-41 所示。

(8) 以直线的另一个端点建立用户坐标系，并绘制一个圆，如图 15-42 所示。

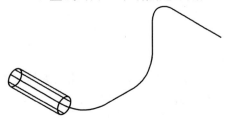
图 15-41 绘制拉伸实体

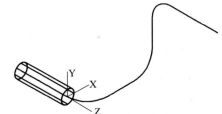
图 15-42 建立用户坐标系，并绘制一个圆

(9) 在菜单栏中选择"绘图 (D)"→"建模 (M)"→"扫掠 (P)"命令，选择圆形，单击 Enter 键后，再选择圆弧，绘制扫掠实体，如图 15-43 所示。

(10) 按照相同的方法，逐一画出其余实体，如图 15-44 所示。

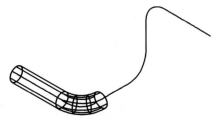
图 15-43 绘制扫掠实体

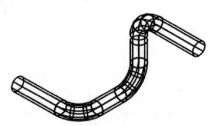
图 15-44 逐一画出其余实体

(11) 在菜单栏中选择"修改（M）"→"实体编辑（N）"→"并集（U）"命令，合并7个实体。

(12) 在菜单栏中选择"视图（V）"→"三维视图 (D)"→"东南等轴测（W）"命令，切换视角。

(13) 在菜单栏中选择"修改（M）"→"实体编辑 (N)"→"抽壳（H）"命令，先选择实体，再选择实体的两个端面，将偏移距离设为2mm，创建抽壳特征，如图15-45所示。

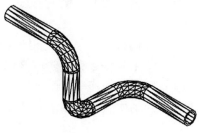

图15-45 创建抽壳特征

15.5.3 电源插座

绘制电源插座图形，如图15-46所示。

图15-46 电源插座

(1) 启动AutoCAD 2020，选择"文件"菜单，选择"新建"命令，在【选择样板】对话框中单击"打开（O）"旁边的▼符号，选择"无样板打开-公制（M）"命令。

(2) 先打开正交模式，再进行以下操作。

(3) 绘制电源插座轮廓。

① 命令：L↙

指定第一个点：任意选择一点作为起始点

指定下一点或［放弃(U)］：将鼠标放在起始点的上方，在动态框中输入45

指定下一点或［退出(E)/放弃(U)］：↙

执行结果是绘制一条竖直线，长度为45mm，如图15-47所示。

② 命令：L↙

指定第一个点：FROM↙

基点：＜偏移＞：选择第一条直线的中点

＜偏移＞：@0,26↙   //与第一条直线的中点的相对坐标为(0,26)

指定下一点或［放弃(U)］：将鼠标放在起始点的右侧，在动态框中输入125↙

指定下一点或［退出(E)/放弃(U)］：↙

执行结果是绘制一条水平线，长度为125mm，如图15-47所示。

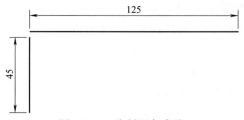

图15-47 绘制两条直线

③ 命令：OFF↙   //Offset的缩写

指定偏移距离或［通过(T)/删除(E)/图层(L)］＜通过＞：125↙

选择要偏移的对象,或[退出(E)/放弃(U)]<退出>:选择左边的竖直线

指定要偏移的那一侧上的点,或[退出(E)/多个(M)/放弃(U)]<退出>:单击直线右边的任意点

选择要偏移的对象,或[退出(E)/放弃(U)]<退出>:↙

执行结果是将竖直线向右侧偏移125mm,如图15-48所示。

在菜单栏中选择"绘图(D)"→"圆弧(A)"→"三点(P)"命令,利用两条竖直线的端点及水平线的中点,绘制一条圆弧,如图15-49所示。

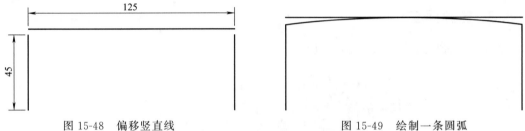

图15-48 偏移竖直线　　　　　　　　　　图15-49 绘制一条圆弧

④ 命令:MIR↙　　　　　　　　　　　　　　　　　　　　　　　//Mirror的缩写

选择对象:选择圆弧

选择对象:↙

指定镜像线的第一点:选择左边竖直线的中点

指定镜像线的第二点:选择右边竖直线的中点

要删除源对象吗?[是(Y)/否(N)]<否>:N↙

在菜单栏中选择"修改(M)"→"删除(E)"命令,或在"修改"工具栏中单击"删除"按钮,删除水平线,执行结果如图15-50所示。

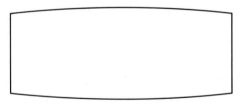

图15-50 镜像圆弧

⑤ 绘制圆角,按如下步骤操作:

命令:Fil↙　　　　　　　　　　　　　　　　　　　　　　　　// Fillet的缩写

当前设置:模式 = 修剪,半径 = 0.0000

选择第一个对象或[放弃(U)/多段线(P)/半径(R)/修剪(T)/多个(M)]:T↙

输入修剪模式选项[修剪(T)/不修剪(N)]<不修剪>:T↙　　　　　// 修剪

选择第一个对象或[放弃(U)/多段线(P)/半径(R)/修剪(T)/多个(M)]:R↙

指定圆角半径<0.0000>:10↙

选择第一个对象或[放弃(U)/多段线(P)/半径(R)/修剪(T)/多个(M)]:选择直线

选择第二个对象,或按住Shift键选择对象以应用角点或[半径(R)]:选择圆弧

⑥ 绘制面域,按如下步骤操作:

在菜单栏中选择"绘图(D)"→"面域(N)"命令,选取封闭的二维图形,单击Enter键,创建面域。

⑦ 创建拉伸实体，按如下步骤操作
命令：EXTRUDE↙
选择要拉伸的对象或［模式(MO)］：选择刚才创建的面域
选择要拉伸的对象或［模式(MO)］：↙
指定拉伸的高度或［方向(D)/路径(P)/倾斜角(T)/表达式(E)］：25↙
⑧ 在菜单栏中选择"视图（V）"→"三维视图（D）"→"东南等轴测（E）"命令，所创建的拉伸实体如图15-51所示。
⑨ 创建三维倒圆角，按如下步骤操作：
在菜单栏中选择"修改（M）"→"实体编辑（N）"→"圆角边（F）"命令，或
命令：FILLETEDGE↙
选择第一个对象或［放弃(U)/多段线(P)/半径(R)/修剪(T)/多个(M)］：在实体上选择一条边
输入圆角半径或［表达式(E)］<3.0000>：2↙
选择边或［链(C)/环(L)/半径(R)］：↙
所创建的三维倒圆角特征如图15-52所示。

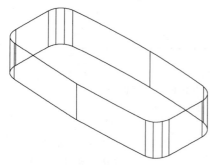
图15-51 创建拉伸实体

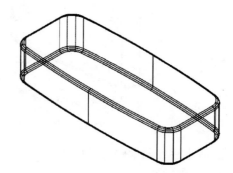
图15-52 创建三维倒圆角特征

（4）创建插座与电源线的连接软管。
① 建立用户坐标系，按如下步骤操作：
在"三维导航"工具栏中单击"动态"按钮，如图15-2所示，再在工作区中按住鼠标左键，调整长方体的视角。
以两边线的中点画一条直线，如图15-53所示。（该直线的中点为端面的中心）

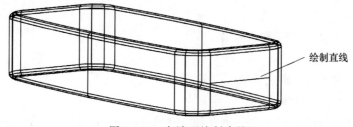
图15-53 在端面绘制直线

命令：UCS↙
UCS指定UCS的原点或［面(F)/命名(NA)/对象(OB)/上一个(P)/视图(V)/世界(W)/X/Y/Z/Z轴(ZA)］<世界>：选取所绘直线的中点

选定 X、Y 坐标的方向，即可创建用户坐标系（创建用户坐标系之后，即可将水平线删除），如图 15-54 所示。

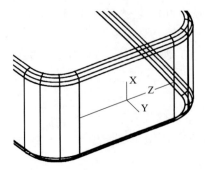

图 15-54　创建用户坐标系

② 在端面绘制一个封闭的曲线，如图 15-55 所示。

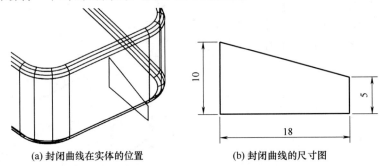

(a) 封闭曲线在实体的位置　　　　(b) 封闭曲线的尺寸图

图 15-55　绘制一个封闭的曲线

③ 将上述线段编辑成多段线，按如下步骤操作。　　　//用多段线创建旋转体
命令：PEDIT↙　　　　　　　　　　　　　　　　　　//将普通线条编辑成多段线
选择多段线或［多条(M)］：选择矩形上边的水平线
选定的对象不是多段线，是否将其转换为多段线？＜Y＞Y↙
输入选项［闭合(C)/合并(J)/宽度(W)/编辑顶点(E)/拟合(F)/样条曲线(S)/非曲线化(D)/线型生成(L)/反转(R)/放弃(U)］：J↙
选择对象：选择另外三条边线
选择对象：↙

↙

④ 创建旋转实体，按如下步骤操作。
命令：REVOLVE↙
选择要旋转的对象或［模式(MO)］：选择多段线
选择要旋转的对象或［模式(MO)］：↙
指定轴起点或根据以下选项之一定义轴［对象(O)/X/Y/Z］＜对象＞：选择轴的端点
指定轴端点：选择轴的另一个端点
指定旋转角度或［起点角度(ST)/反转(R)/表达式(EX)］＜360＞：360↙
所创建的旋转体如图 15-56 所示。

⑤ 创建倒圆角特征。

在菜单栏中选择"修改（M）"→"实体编辑（N）"→"并集（U）"命令，将两个实体组合生成一个新实体。

命令：FILLETEDGE↙
选择第一个对象或[放弃(U)/多段线(P)/半径(R)/修剪(T)/多个(M)]:选择倒圆角的边
输入圆角半径或[表达式(E)]<3.0000>:2↙
选择边或[链(C)/环(L)/半径(R)]:↙

⑥ 着色显示，按如下操作。

命令：SHA
输入选项[二维线框(2)/线框(W)/隐藏(H)/真实(R)/概念(C)/着色(S)/带边缘着色(E)/灰度(G)/勾画(SK)/X射线(X)/其他(O)]<二维线框>:S
执行效果为着色显示，如图15-57所示。

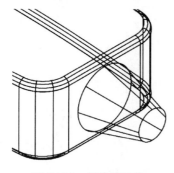

图15-56 创建旋转体

图15-57 着色显示

(5) 绘制电线，按如下操作。

① 建立绘制圆弧的用户坐标系。

命令：UCS↙
UCS指定UCS的原点或[面(F)/命名(NA)/对象(OB)/上一个(P)/视图(V)/世界(W)/X/Y/Z/Z轴(ZA)]<世界>:选取圆台端面的圆心
选定X、Y坐标的方向，即可创建用户坐标系，如图15-58所示。

② 在端面绘制一个半径为3mm的圆。

命令：C↙   //Circle的缩写
指定圆的圆心或[三点(3P)/两点(2P)/切点、切点、半径(T)]:0,0,0↙
指定圆的半径或[直径(D)]<0.0000>:3↙
执行结果如图15-59所示。

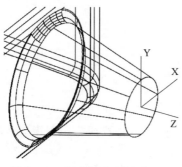

图15-58 创建用户坐标系（1）

图15-59 在端面绘制一个圆

第15章 三维实体

③ 建立绘制多段线的用户坐标系。

命令:UCS↙

UCS 指定 UCS 的原点或[面(F)/命名(NA)/对象(OB)/上一个(P)/视图(V)/世界(W)/X/Y/Z/Z 轴(ZA)]<世界>:选取圆台端面的圆心

选定 X、Y 坐标的方向,即可创建用户坐标系,如图 15-60 所示。

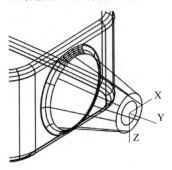

图 15-60　创建用户坐标系(2)

④ 绘制多段线,按如下步骤操作。

命令:L↙

指定起点:0,0,0↙　　　　　　　　　　　　　　　　//起点

指定下一点或[放弃(U)]: <正交 开> 0,30,0↙

指定下一点或[退出(E)/放弃(U)]:↙

命令:A↙

指定圆弧的起点或[圆心(C)]:↙　　　　//直接单击 Enter 键,将以上一曲线的端点为圆弧的起点,并且所绘的圆弧与上一曲线相切

指定圆弧的端点(按住 Ctrl 键以切换方向): <正交 关>↙　　//取消正交模式,在屏幕上选取一点为圆弧的端点

命令:↙

指定圆弧的起点或[圆心(C)]:↙

指定圆弧的端点(按住 Ctrl 键以切换方向):　　//在屏幕上选取一点为圆弧的端点

执行上述命令后,所绘制的曲线如图 15-61 所示。(圆弧半径大一些,否则扫掠可能不成功)

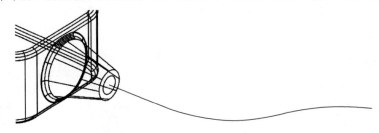

图 15-61　绘制多段线

命令:PEDIT↙　　　　　　　　　　　　　　　　//将普通线条编辑成多段线

选择多段线或[多条(M)]:选择水平线

选定的对象不是多段线,是否将其转换为多段线?<Y>Y↙

输入选项 [闭合(C)/合并(J)/宽度(W)/编辑顶点(E)/拟合(F)/样条曲线(S)/非曲线化(D)/线型生成(L)/反转(R)/放弃(U)]：J↙

选择对象：选择另外两条圆弧

选择对象：↙

⑤ 创建扫掠特征。

在菜单栏中选择"绘图（D）"→"建模（M）"→"扫掠（P）"命令，选择圆形，单击 Enter 键后，再选择多段线，绘制扫掠实体，如图 15-62 所示。

（6）绘制装饰板，按如下操作。

① 新建图层 1，按如下步骤操作。

在菜单栏中选择"格式（O）"→"图层（L）"命令，在【图层特性管理器】对话框中单击"新建图层"按钮，创建一个名称为"图层 1"的新图层。

图 15-62　创建扫掠实体

双击"图层 1"，将其设为当前图层。

② 复制实体边线，按如下步骤操作。

在菜单栏中选择"修改（M）"→"三维操作（3）"→"提取边（E）"命令，选择插座主体后，单击 Enter 键，提取插座主体的边线。

在菜单栏中选择"格式（O）"→"图层（L）"命令，在【图层特性管理器】对话框中关闭其他图层，只显示插座主体的边线，如图 15-63 所示。

删除不需要的曲线，只保留上表面的边线，如图 15-64 所示。

③ 创建放样特征的第一条边线，按如下步骤操作。

执行 OFFSET 命令，将竖直线偏移 38mm，如图 15-65 所示。

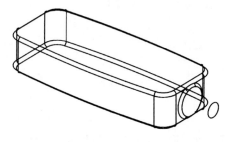

图 15-63　只显示插座主体的边线

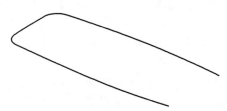

图 15-64　只保留上表面的边线

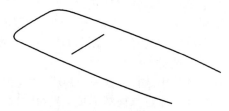

图 15-65　将竖直线偏移 38mm

执行 FILLET 命令，创建两条圆弧，半径为 10mm，如图 15-66 所示。

执行 EXTEND 命令，将两个边线延长至前面的圆弧处，如图 15-67 所示。

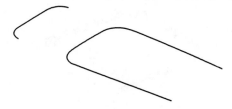

图 15-66　创建两条圆弧

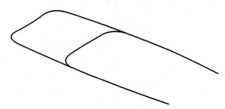

图 15-67　将两个边线延长至前面的圆弧处

执行 TRIM 命令，将两条边线修剪，如图 15-68 所示。

④ 将图 15-68 中的图素复制到图层 2 中，按如下步操作。

在菜单栏中选择"格式（O）"→"图层（L）"命令，在【图层特性管理器】对话框中单击"新建图层"按钮，创建一个名称为"图层 2"的新图层。

在菜单栏中选择"格式（O）"→"图层工具（O）"→"将对象复制到新图层（P）"命令，选择需要复制的图素，单击 Enter 键。再单击 Enter 键，在弹出的【复制到图层】对话框中选取"图层 2"，单击"确定"按钮，选取基准点，即可将图 15-68 中的图素复制图层 2 中。

⑤ 创建放样特征的第二条边线，按如下步骤操作。

在菜单栏中选择"格式（O）"→"图层（L）"命令，在【图层特性管理器】对话框中双击"图层 2"，将"图层 2"设为当前图层。并隐藏其他图层，只显示图层 2 中的图素。

将竖直线向左移动 3mm，如图 15-69 所示。

图 15-68　将两条边线修剪

图 15-69　将竖直线向左移动 3mm

先将两条圆弧删除，再按照前面的方法，创建倒圆角（R10mm），如图 15-70 所示。

⑥ 执行 Move 命令，将上述图素往 Z 正方向平移 1mm，按如下步骤操作。

命令：M↙

选择对象：选择上述图素

选择对象：↙

指定基点或 [位移(D)] <位移>：0,0,0↙

指定第二个点或 <使用第一个点作为位移>：0,0,1↙

⑦ 创建放样实体，按如下步骤操作。

在菜单栏中选择"绘图（D）"→"面域（N）"命令，选取上述二维图形，单击 Enter 键，创建面域。

在菜单栏中选择"格式（O）"→"图层（L）"命令，在【图层特性管理器】对话框中双击"图层 1"，将"图层 1"设为当前图层。

在菜单栏中选择"绘图（D）"→"面域（N）"命令，选取图层 1 中的图形，单击 Enter 键，创建面域。

在菜单栏中选择"绘图（D）"→"建模（M）"→"放样（L）"命令，按如下操作。

按放样次序选择横截面或 [点(PO)/合并多条边(J)/模式(MO)]：选择第一个面域

按放样次序选择横截面或 [点(PO)/合并多条边(J)/模式(MO)]：选择第二个面域

按放样次序选择横截面或 [点(PO)/合并多条边(J)/模式(MO)]：↙

输入选项 [导向(G)/路径(P)/仅横截面(C)/设置(S)] <仅横截面>：↙

执行结果如图 15-71 所示。

图 15-70　创建倒圆角特征

图 15-71　创建放样实体

⑧ 创建插孔凸台。

命令：UCS↙

UCS 指定 UCS 的原点或[面(F)/命名(NA)/对象(OB)/上一个(P)/视图(V)/世界(W)/X/Y/Z/Z轴(ZA)]<世界>：W↙　　　　　　　　//恢复成世界坐标系

在菜单栏中选择"视图(V)"→"三维视图(D)"→"俯视(T)"命令。

绘制三个矩形，如图15-72所示。

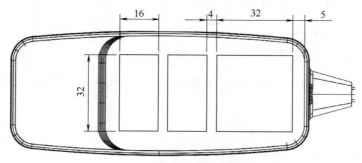

图 15-72　绘制三个矩形

在菜单栏中选择"绘图(D)"→"面域(N)"命令，分别选取三个矩形，创建三个面域。

创建三个拉伸实体，拉伸实体的高度为26mm。

在菜单栏中选择"修改(M)"→"实体编辑(N)"→"并集(U)"命令，将三个长方体与插座本体组合生成一个新实体，如图15-73所示。

(7) 创建插孔。

命令：UCS↙

UCS 指定 UCS 的原点或[面(F)/命名(NA)/对象(OB)/上一个(P)/视图(V)/世界(W)/X/Y/Z/Z轴(ZA)]<世界>：W↙　　　　　　　　//恢复成世界坐标系

在菜单栏中选择"视图(V)"→"三维视图(D)"→"俯视(T)"命令。

绘制一个封闭的截面，如图15-74所示。

图 15-73　生成一个新实体

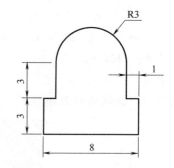

图 15-74　绘制一个封闭截面

执行"移动""复制""镜像""阵列"等命令，完成插孔的排布，如图15-75所示的位置。

在菜单栏中选择"绘图(D)"→"面域(N)"命令，分别选取七个插孔的图形，创建七个面域。

创建三个拉伸实体，拉伸实体的高度为26mm。

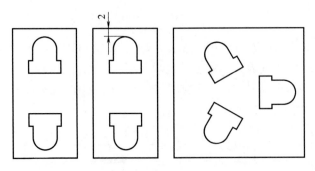

图 15-75 插孔的排布

在菜单栏中选择"修改（M）"→"实体编辑（N）"→"差集（S）"命令，创建插孔，如图 15-76 所示。

图 15-76 创建插孔

在插孔口部创建倒角，按如下步骤操作：
命令：CHAMFEREDGE↙
选择第一条直线或［放弃(U)/多段线(P)/距离(D)/角度(A)/修剪(T)/方式(E)/多个(M)］：D↙
指定 第一个 倒角距离 <1.2000>：0.6↙
指定 第二个 倒角距离 <10.0000>：0.6↙
选择第一条直线或［放弃(U)/多段线(P)/距离(D)/角度(A)/修剪(T)/方式(E)/多个(M)］:选择插孔口部的线段
选择边或［环(L)］：↙

所创建的三维倒角效果如图 15-77 所示。

图 15-77 插孔口部创建倒角

(8) 创建按钮。

命令：UCS✓

UCS 指定 UCS 的原点或［面（F）/命名（NA）/对象（OB）/上一个（P）/视图（V）/世界（W）/X/Y/Z/Z 轴（ZA）］＜世界＞：W✓　　　　　//恢复成世界坐标系

在菜单栏中选择"视图（V）"→"三维视图（D）"→"俯视（T）"命令。

执行椭圆命令，绘制一个椭圆截面，如图 15-78 所示。

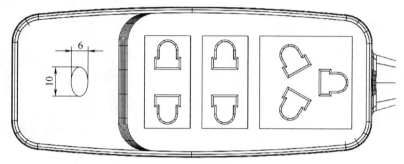

图 15-78　绘制椭圆截面

命令：EXTRUDE✓

选择要拉伸的对象或［模式（MO）］：选择刚才创建的椭圆

选择要拉伸的对象或［模式（MO）］：✓

指定拉伸的高度或［方向（D）/路径（P）/倾斜角（T）/表达式（E）］：27　//高于实体 1mm

在菜单栏中选择"修改（M）"→"实体编辑（N）"→"并集（U）"命令，椭圆柱与插座本体合并。

将椭圆柱上边线倒圆角，按如下步骤操作。

命令：FILLETEDGE✓

选择第一个对象或［放弃（U）/多段线（P）/半径（R）/修剪（T）/多个（M）］：选择椭圆柱上边线

输入圆角半径或［表达式（E）］＜3.0000＞：1✓

选择边或［链（C）/环（L）/半径（R）］：✓

所创建的按钮效果如图 15-79 所示。

图 15-79　创建按钮

15.5.4　绘制电源插头

（1）创建旋转体。

命令：UCS✓

UCS 指定 UCS 的原点或［面（F）/命名（NA）/对象（OB）/上一个（P）/视图（V）/世界（W）/X/Y/Z/Z 轴（ZA）］＜世界＞：W✓　　　　　//恢复成世界坐标系

在菜单栏中选择"视图(V)"→"三维视图(D)"→"俯视(T)"命令。

绘制一个封闭的截面,如图 15-80 所示。

在菜单栏中选择"绘图(D)"→"面域(N)"命令,创建面域。

在菜单栏中选择"视图(V)"→"三维视图(D)"→"东南等轴测(E)"命令。

执行三维旋转命令,创建插头本体,如图 15-81 所示。

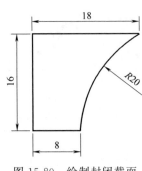

图 15-80　绘制封闭截面

图 15-81　创建插头本体

(2) 创建圆柱体。

命令:UCS↙

UCS 指定 UCS 的原点或[面(F)/命名(NA)/对象(OB)/上一个(P)/视图(V)/世界(W)/X/Y/Z/Z 轴(ZA)]＜世界＞:选取大圆的圆心

选定 X、Y 坐标的方向,创建用户坐标系,Z 轴与大圆平面垂直,如图 15-82 所示。

先在大圆的端面创建一个直径为 40mm,高度为 5mm 的圆柱,再在大圆的端面创建一个直径为 38mm,高度为 15mm 的圆柱体。

采用相同的方法,在小圆的端面创建一个直径为 20mm,高度为 2mm 的圆柱体,如图 15-83 所示。

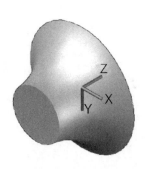

图 15-82　建立用户坐标系

图 15-83　创建三个圆柱体

(3) 绘制圆台体。

在菜单栏中选择"绘图(D)"→"建模(M)"→"圆锥体(O)"命令,或者在命令栏中输入:CONE↙

指定底面的中心点或[三点(3P)/两点(2P)/切点、切点、半径(T)/椭圆(E)]:cen↙

选取小圆柱的圆心　　　　　　　　　　　　　　　　//用 cen 捕捉小圆柱的圆心

指定底面半径或[直径(D)]＜0.0000＞:7↙

指定高度或[两点(2P)/轴端点(A)/顶面半径(T)]＜0.0000＞:T↙

指定顶面半径 <0.0000>：6 ↙
指定高度或 [两点(2P)/轴端点(A)] <0.0000>：20 ↙
在实体的前面再创建一个圆台，效果如图 15-84 所示。
（4）创建 90°旋转体。
命令：UCS ↙
UCS 指定 UCS 的原点或 [面(F)/命名(NA)/对象(OB)/上一个(P)/视图(V)/世界(W)/X/Y/Z/Z 轴(ZA)] <世界>：选取大圆的圆心

创建用户坐标系，X、Y 坐标的方向如图 15-85 所示。

在菜单栏中选择"视图（V）"→"三维视图（D）"→"右视（R）"命令。

绘制一个封闭的截面，如图 15-86 所示。

图 15-84　圆台体

图 15-85　X、Y 坐标的方向

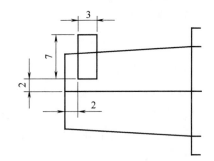

图 15-86　绘制一个封闭的截面

在菜单栏中选择"绘图（D）"→"面域（N）"命令，选取封闭的二维图形，单击 Enter 键，创建面域。

命令：3dREVOLVE ↙
选择要旋转的对象或 [模式(MO)]：选择面域
选择要旋转的对象或 [模式(MO)]：↙
指定轴起点或根据以下选项之一定义轴 [对象(O)/X/Y/Z] <对象>：选择轴的端点
指定轴端点：选择轴的另一个端点
指定旋转角度或 [起点角度(ST)/反转(R)/表达式(EX)] <360>：90 ↙
创建一个旋转 90°的旋转体，如图 15-87 所示。

执行 COPY 命令，复制距离为 9mm，执行的效果如图 15-88 所示。

图 15-87　创建一个旋转 90°的旋转体

图 15-88　复制实体

(5) 旋转 90°的旋转体。

命令：UCS↙

UCS 指定 UCS 的原点或［面（F）/命名（NA）/对象（OB）/上一个（P）/视图（V）/世界（W）/X/Y/Z/Z 轴（ZA）］＜世界＞：选取大圆的圆心

创建用户坐标系，X、Y 坐标的方向如图 15-89 所示。

执行旋转命令，将上述两个旋转体旋转 90°，如图 15-90 所示。

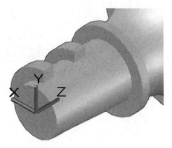 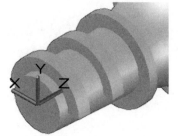

图 15-89　X、Y 坐标的方向　　　　　　图 15-90　将上述两个旋转体旋转 90°

(6) 执行 3d 移动。

先打开正交模式，再进行以下操作。

命令：MOVE↙

选择对象：选择两个旋转后的实体。

选择对象：↙

指定基点或［位移（D）］＜位移＞：在屏幕上任意选择一点，再将鼠标放在 Z 轴正方向。

指定第二个点或＜使用第一个点作为位移＞：在动态输入框中输入 4.5↙

执行效果如图 15-91 所示。

(7) 创建三维阵列。

命令：3dARRAY↙

选择对象：　选取上述两个旋转体

选择对象：输入阵列类型［矩形（R）/环形（P）］＜R＞：P↙

指定阵列的中心点或［基点（B）］：选取端面的圆心，再选取另一个端面的圆心

输入阵列中项目的数目：2↙

指定填充角度（＋＝逆时针，－＝顺时针）＜360＞：360↙

是否旋转阵列中的对象？［是（Y）/否（N）］＜Y＞：Y↙

执行的效果如图 15-92 所示。

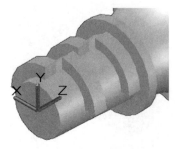 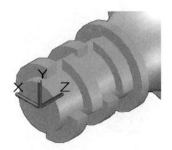

图 15-91　移动对象　　　　　　　　图 15-92　执行 3D 阵列效果

在菜单栏中选择"修改（M）"→"实体编辑（N）"→"并集（U）"命令，将多个实体组合生成一个新实体。

（8）创建金属片。

① 创建长方体。

在菜单栏中选择"视图（V）"→"三维视图（D）"→"东北等轴测（N）"命令，并在大圆表面建立用户坐标系，其中 Z 轴垂直于平面，如图 15-93 所示。

在菜单栏中选择"绘图（D）"→"建模（M）"→"长方体（B）"命令，或者在命令栏中输入：BOX✓

指定第一个角点或 [中心(C)]：C

指定中心：0,0,0

指定角点或 [立方体(C)/长度(L)]：L

指定长度：6✓

指定宽度：2✓

指定高度或 [两点(2P)]：20✓

执行上述指令的效果是在大平面的中心位置创建一个长方体，如图 15-94 所示。

图 15-93　建立用户坐标系

图 15-94　创建一个长方体

② 三维移动。

先打开正交模式，再进行以下操作。

命令：MOVE✓

选择对象：选择上一步创建的长方体。

选择对象：✓

指定基点或 [位移(D)] <位移>：在屏幕上任意选择一点，再将鼠标放在 Y 轴负方向。

指定第二个点或 <使用第一个点作为位移>：在动态输入框中输入 8✓

长方体往 Y 轴负方向平移 8mm，执行效果如图 15-95 所示。

③ 三维阵列。

命令：ARRAY

选择对象：选择长方体

选择对象：

输入阵列类型 [矩形(R)/路径(PA)/极轴(PO)] <极轴>：PO✓

指定阵列的中心点或 [基点(B)/旋转轴(A)]：选择大圆的圆心

选择夹点以编辑阵列或 [关联(AS)/基点(B)/项目(I)/项目间角度(A)/填充角度(F)/行(ROW)/层(L)/旋转项目(ROT)/退出(X)] <退出>：I✓

输入阵列中的项目数或 [表达式(E)] <6>：3✓

选择夹点以编辑阵列或 [关联(AS)/基点(B)/项目(I)/项目间角度(A)/填充角度(F)/行

(ROW)/层(L)/旋转项目(ROT)/退出(X)]＜退出＞：ROT↙

是否旋转阵列项目？［是(Y)/否(N)］＜是＞：N↙

选择夹点以编辑阵列或［关联(AS)/基点(B)/项目(I)/项目间角度(A)/填充角度(F)/行(ROW)/层(L)/旋转项目(ROT)/退出(X)］＜退出＞：↙

执行效果如图 15-96 所示。

图 15-95　长方体往 Y 轴负方向平移 8mm

图 15-96　阵列长方体

④ 三维旋转。

先用 EXPLODE 命令，将阵列图形分解。

在菜单栏中选择"修改（M）"→"三维操作（3）"→"三维旋转（R）"命令，选择其中一个长方体后，单击 Enter 键。

选择基准点、旋转轴，如图 15-97 所示。

输入旋转角度－30°。

按照相同的方法，旋转另一个长方体，执行效果如图 15-98 所示。

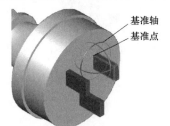

图 15-97　选择基准点与旋转轴

图 15-98　旋转后的效果图

项目实战

绘制图 15-99 所示电气插头。

电气插头

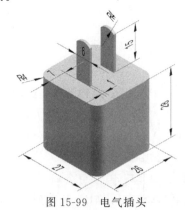

图 15-99　电气插头

参 考 文 献

［1］ 杨筝. 电气 CAD 制图与设计. 北京：化学工业出版社，2015.
［2］ 王欣. AutoCAD 2014 电气工程制图. 北京：机械工业出版社，2020.